我最爱的玩发手典

曹 静 编著

成都时代出版社

聚会发型、相亲发型、面试发型
派对发型、晚宴发型、婚礼发型
拜访长辈发型　正式场合发型
……
最美、最爱、最上手的发型 DIY

CONTENTS 目录

Chapter1
女生不可不知的美发小物件

Chapter2
手到擒来！美发工具基础教学

你的发型
很重要

Chapter3
灵活百变！变发进阶手法

Chapter4 改变自己！发型也能微整形

Chapter5 十全十美！女人都需要学会的场合发型

女生不可不知的
美发小物件

连线题.

Chapter 1 中提到的美发小工具和产品，你拥有多少?

A. 只有一把梳子和一个吹风机

B. 有 5 件以上

C. 有半数以上

D. 大部分都在美发店使用过

E. 这里提到的我都有，这里没提到的我也有

1. 发型无概念菜鸟

2. 你是职业发型师吧？

3. 你是一个对自己发型有要求的人

4. 恭喜你踏上美发达人之路

5. 看来你为美发店做了不小的贡献

最实用最新的
头发打理工具热报中！

9种值得拥有的头发打理基础工具

一把梳子和一个吹风机？你的装备远远跟不上头发的需要！
为了能以干净利落的发型出门，节约每分钟的时间，
我们要根据自己的头发所需，准备这几样可供每天使用的工具，大大提高打理头发的效率。

起床打理头发时用更快速！

防毛躁顺发梳
参考价：120 元
烫了卷发是不是睡觉起来就难以梳开？游泳过后梳通头发总要花去大量的时间？专门用来处理容易打结的头发，无论是烫卷发还是枯黄头发可以一梳到底，防止头发进一步拉伤或者掉发。针面梳齿还能按摩头皮，直发卷发都可以使用。

洗头后吹干使用！

负离子电吹风
参考价：220 元
如果你非常注重养发护发，兼具负离子养护功能的电吹风更能保持头发的湿润度和光泽度。负离子是一种带负电的氧和空气中微小的水分结合在一起的细微粒子，特别是干性发质的人，负离子电吹风能避免带走过量的头发水分。

每日梳头使用！

带气囊宽齿扁梳
参考价：20 元
如果你有每天梳头 100 下的习惯，选择这种带气囊的宽齿梳是最适合不过的了。气囊梳有个出气孔，能随着梳头的力度使气囊起伏，保证接触头皮时力度适中，所以能起到活络头皮的作用。每天用它梳头也有促进头发生长的作用哦。

长柄密齿筒梳
参考价：25 元
刚烫了卷发，用一般的梳子去打理怎么越来越直了？这时你必须购买一款适合打理卷发的密齿梳。选购时注意选择卷芯是传热性能良好的金属材质，和吹风机配合才更易给发尾吹出卷度。细细的齿梳也可以把头发梳通，防止卷发发尾纠结在一起。

打理卷发适用！

打理刘海和剪刘海时适用！

密齿长梳
参考价：15 元
刚睡醒时刘海乱乱的，还起处分叉？！这时只要把刘海打湿，用密齿梳梳通，同时用吹风机稍微吹一下，刘海即刻根根分明，像瀑布一样流畅。另外，修剪刘海的时候，用密齿梳帮助还能帮助你更精确地把握刘海每一根头发的长度。

自己就能修刘海和打薄头发！

锯齿打薄剪刀
参考价：30 元
头发易长，可能不时到美发店去修剪，这时备上一把打薄剪刀，你就能在家修剪了。打薄剪刀布满深浅不一的锯齿，它们剪发时能剪去头发的密度，而不会改变长度。一把普通的平口剪刀和一把打薄剪刀，准备这两把剪刀，就能自己修刘海和打薄头发。

针尾梳
参考价：20 元

做发型扎马尾时必用工具！

觉得自己盘出来的头发总是不够蓬松？这时你必须要用到它！针尾梳可以在做盘发时插进头发根部，将头发挑出蓬松度和高度；编辫子时也可以挑高每股发辫，让辫子看起来更饱满立体；扎马尾时觉得哪里的头皮扯得生疼，针尾梳挑松一下，疼痛立刻解决。

让头发密度加宽的工具！

蓬蓬梳
参考价：12 元
觉得扎马尾时头发显得特别少？或者是头发太厚，一般的密齿梳梳不到最里面的头发？蓬蓬梳长长的针齿就可以到达最里面的头发，插入并左右滑动一下，就可以把本来因为头皮油脂粘在一起的头发分开，让头发变得清爽蓬松。

卷发定型护理帽
参考价：12 元
将自己想要上卷的地方卷上发卷固定，然后套上定型帽，再把吹风机套在发帽的洞口上，等头发干后再用冷风吹入洞口，等头发完全冷却后摘掉发卷，漂亮的卷发就完成了。另将头发涂上护理产品，再套定型帽也可以当焗油帽使用。

**最方便最奏效的
让卷度立现的工具**

9 种造型工具让卷发变得更立体

发卷难维持？忍受不了在美发店漫长的烫卷时间？
你可以试试借助卷发工具锁定卷度，即使距离烫卷的时间已经很远了，
依然能在每天的打理中让卷发像刚刚走出美发店的模样。

1 to 9

卷上发卷几分钟就能让卷度更明显！

自粘发卷
参考价：12 元

具有小倒勾的自粘发卷，只要把头发绕到卷芯上就可以固定，不需要一个夹子，全头大概只需要 6 ~ 10 个就可以让头发保持卷度。按照头发原本的卷度绕上即可，可以搭配吹风机和烘罩一起使用，定型速度更快。

海绵发卷
参考价：12 元

睡觉的时候总是很容易就把头发压扁，头发蓬松着出门，但靠在车中的椅背上的时候也会令你不安。这时候只要卷上海绵发卷就高枕无忧了，软软的海绵质地不会影响睡眠，有凹槽的卷芯能完全绕紧头发，不需要一根发夹就可以做出卷度。

睡觉 / 乘车时使用！

活力小卷必备！

筒形卷发器
参考价：1 元

筒形卷发器两端的凹格可以将皮筋绕在这上面，以固定绕在上面的头发。纤细的卷发器可以绕上更多的头发，让头发呈现出下面小卷、上面大卷的弧度，适合头发层次本身就比较多、发量多的人。

自由卷发棒
参考价：1 元

懒得用吹风机？更不想为了拆发卷浪费太多的时间？可以使用这种更轻松的卷发棒。首先把头发绕在卷发棒的中间，到达你喜欢卷度出现的高度后就把发卷棒打结，是的，就像一般的打死结的方法，拆掉后头发就会出现个性十足的卷度了。

打造明显卷度必备！

DIY 卷发及发尾！

海绵条卷发器
参考价：1.5 元

将头发绕在海绵条最粗的地方，再将海绵条的末端穿过环形小孔中就可以把头发锁定了。头发微湿时可以使用，干发也可以借助吹风机加热定型。如果你正是喜欢发尾带有一点点卷度的发型，那么这款卷发器正适合你。

卷发梳通塑卷必备！

卷发梳
参考价：12 元

每次梳通卷发都要经历一番声嘶力竭？减轻梳通的痛苦现在就靠它了！像一捆针一样的梳齿可以梳通头发，完了之后还可以将头发绕在梳齿之间，用吹风机稍微吹整一下就能定型。它整理出来的卷度偏向浪漫的气质型发卷。

**轻巧快捷
每日出门必备！**

圆筒电卷棒
参考价：220 元

出差旅行不能把零零散散的美发工具都一并携带，一支电卷棒绝对能把卷发的各种问题迎刃而解。将头发拉直，电卷棒在头发中间滑动可以让头发变直；从发根往上卷可以让卷度更明显；将发尾缠绕半圈就能塑造洋气的梨花头，一棒多用，让每天的打理都变得非常简单。

吹风机的绝妙搭档！

电吹风烘罩
参考价：7 元

卷发在过猛的、直线型的风力下总是很容易就变直了，在吹风机的出风口上加一个烘罩，状况就会截然不同。热风经过无数个小孔后会变得轻柔，风力被分散，不会把毛鳞片吹翻，更不会破坏头发的卷度，日常吹干卷发的时候用非常方便。

电热发卷
参考价：320 元

精确地把握电卷棒在头发上停留的时间，适当地调整电卷棒的温度……这些对新手来说实在是太难了！电热发卷无疑是新手的福音，卷发前插上电就能先给发卷预热，达到安全温度后就可以上卷。另外无线式的发卷，可以让你在烫发过程中自由活动而不受牵绊限制，穿衣打扮可以同时进行。

**最具安全性的
卷发工具！**

最神奇最便利的
直发打理工具热报中！

9 种打理工具让你爱上直发

直发貌似简单易护养，实则会带给我们诸多麻烦和困扰：直发易折易变形、比卷发更突显毛燥，
更可恨的是头皮一旦出油，直发就会完全平贴在头皮上非常尴尬……
如果你对直发情有独钟，一定要准备一些针对上述问题的工具。

发质细软、过于平贴者适用！

自然造型刮蓬梳
参考价：22 元

直发一定需要一把好梳子。双层特殊发梳设计，宽齿梳部分，能让头发表层更加蓬松；密齿梳部分，能刮松内层头发。无论是绑发尾还是将头发披散着下来，这把梳子都能让你的头发看起来更浓密。

鬃毛逆流梳
参考价：18 元

细密的鬃毛刷可以用来刷头皮，在头皮特别出油的时候可以把发根刷出直立感，让头发从发根开始就根根站立！另外鬃毛也有不错的按摩效果，干刷头皮能刺激血液循环，是一把不错的养生梳。

发根垂塌、油性头皮救星！

蝴蝶结刘海贴
参考价：4 元

化妆的时候刘海挡道、洗脸的时候刘海难驯胡乱地贴在脸上，一定要把刘海清爽地收起来！刘海贴利用魔鬼粘的粘性，把刘海往上或左右两边贴，让脸部清爽地露出来，方便化妆、洗脸和按摩。

刘海过长者适用！

刘海垂塌、发质细软者适用！

刘海发卷
参考价：9 元

刘海不听话，普通发卷奈何不了它。普通发卷制造的卷度太明显，不适合刘海。大型号的椭圆形发卷正巧能解决这个问题。仅仅将刘海绕上半圈，就可以将它塑造成带有自然内卷的刘海，湿干和干发都能使用。

刘海造型夹
参考价：6 元

刘海分岔每次都要洗头才得以解决吗？有个小诀窍：使用刘海造型夹。只需要把刘海稍微打湿，将它放置到镂空造型夹内，把吹风机调至热风档，用柔风加热刘海，刘海立即恢复平顺有型，这一切也仅仅需要几分钟。

快速整理分岔刘海！

夹板直发器
参考价：20 元

在正式场合留直发会显得端庄大方，直发器一定是必需的。直发器操作起来非常方便，挑一片头发，在直发过程中，直发器保持移动，顺沿发片从发根滑向发尾。若是具有离子养护功能，还能帮助塑造秀发柔亮飘逸的效果。

天生自然卷或希望保持直发的人！

可换内板的夹板直发器
参考价：168 元

要每日维持直发的流线造型，夹板直发器无疑是速度最快、最易掌握的工具了。如果你希望直发多一点变化，可以考虑购买可更换内板的直发器，这些多样的陶瓷内板可以做出小波浪纹和其他纹路，仅仅在内层上烫出一点点纹路也可以让头发显得更蓬。

适合希望直发仍然能多变的人！

洗发泡泡隔绝头箍
参考价：32 元

洗头时泡泡会让你的衣服变湿漉漉的尤其烦心？喜欢在家染发的人总要报废几件衣服？有了这个泡泡隔绝头箍，滴滴答答的洗头水和染发剂再也不来侵犯你的衣服，洗头护发的时候再也不狼狈了。

洗头时必备的贴心小工具！

促进血液循环和头发增长的小工具！

洗头用头皮按摩刷
参考价：16 元

按摩头皮好处多，但是你总掌握不到门道。别急，一把按摩刷就能驾轻就熟地解决头部按摩问题。这把按摩刷拥有珊瑚般的、弹性树脂制的突起物，它们能适度刺激头皮，促进血液循环。洗头的时候搭配头皮舒缓型洗头水，还能自己在家做美发 SPA。

9 种发型师的秘密造型心机小物

没有一双化平庸为神奇的巧手，盘发造型一定需要辅助道具。
辅助工具不仅仅能起到事半功倍的效果，而且能帮助你打造达人级的发型，
让朋友对你的新发型刮目相看。

公主头盘发器
参考价：6 元
公主头需要打造高耸的包包头，如果发量不够的话再怎么逆梳也不够完美。在头发里面垫上一个大小合适的弯型盘发器，双向齿锯能让它牢牢地嵌进头发里，有了它的帮助，发包就能立体呈现了，再也不用担心自己发量不够。

公主头发包
增加发量必备！

海绵发卷梳
参考价：8 元
忍受不了反复装拆发卷的麻烦，发卷梳以更轻松的姿态取胜！用它就像用梳子那么简单，把头发披散下来，开动吹风机，利用热力将发稍梳理成内翻或内卷的样子，非常方便好用。不仅如此，它整理刘海也相当麻利。

适合发尾打理
甜美卷度！

盘发时
细小碎发阻击手！

造型发叉
参考价：3 元
盘发的时候总会遇到难以收拾的小碎发，盘不起来、又不能平顺地垂下来，非常棘手，这时候使用造型发叉就能迎刃而解了。造型发叉的尾部是圆形的，插入头皮时不会刺伤头部，发叉弧度适中，能很好地贴合头皮，固定效果也非常好。

丸子头花苞头海绵盘发器
参考价：6 元
丸子头和花苞头让不少人绞尽脑汁，有了海绵盘发器就轻松多了。先把头发扎成马尾，再把头发绕在盘发器上，将盘发器对折后交叉，头发就自然形成了饱满的花苞头！有了盘发器的帮助发型更扎实，也不会有松脱的顾虑。

适合难造型的稀少发量！

盘发别发
看不见的小功臣！

螺旋造型发夹
参考价：1 元
明星一丝不苟的盘发造型，居然看不到一个发夹的踪迹！这原来都是螺旋造型发夹的功劳。盘发时，或者需要固定某处的时候，只要把螺旋发夹插到衔接的位置上，顺时针拧入、逆时针拧出就可以了。

固定头发的
得力助手！

盘发夹造型组
参考价：1 元
把全头头发都盘起来时，一般夹子不能很好地固定那么重的发量。头发上隐藏大大小小的夹子，你一定也想过删繁就简，一个夹子就能搞定。现在多齿梳的扁夹和葫芦型的发夹就能牢牢固定你的盘发，准备这样的一个造型夹子组合，再复杂的盘发也能固定。

适合担心丸子头
会松脱的人！

丸子头造型发叉
参考价：8 元
你的丸子头总是特别容易松脱并且变得垂头丧气吗？神奇的丸子头造型发叉有三个固定环，小环固定马尾扎皮筋的地方，中环固定丸子头的根部，大环收拢丸子头根部开岔的细碎头发，即使发量再多，两个造型发叉就可以完美应付了！

刘海发片
参考价：79 元
发片在造型上的重要性自不必说，一个刘海发片不仅仅可以轻松改善脸型，而且可以通过更换刘海样式就能改变造型，给人以新鲜感。选择真人头发制成的发片，能保证使用寿命和效果自然。

稀疏发量的自信法宝！

发量骄傲资本！

各种长度的接发片
参考价：119 元
头发太少导致你对各种入时的造型都不敢尝试？选择非胶溶的活扣接发片吧！挑选最接近自己发色的颜色，接在头发较隐蔽的地方，发量变多了，即使不做精美的发型也感觉到年轻活力。

9 种让头发大风吹不乱的造型产品

只有一瓶定型喷雾是远远解决不了所有发质的定型问题的，
各种质地的产品能做出你喜欢的卷度、硬度和清爽度，
让你最大限度地实现心目中最理想的发型。

适合中发和短发！

发蜡
SEXY GIRL 自然曲线发蜡
参考价：68 元
发蜡可以用在干发和湿发上，让头发具有粘性和湿润光泽感。发蜡的优点是使用量比较少，湿水后可以另外造型。

适合各种长度的卷发！

造型霜
TIGI BED HEAD 宝贝蛋免洗造型修护霜
参考价：138 元
霜类的造型产品多数能为头发加强弹力及丰厚感觉，每次只用少许就可以达到塑型目的，在手掌心均匀地搓开就可以做出卷度。

发冻
TIGI Bed Head 曲直发冻
参考价：120 元
发冻的配方一般都比较清爽，是梳理平直造型最适合的产品。因为也兼具保湿功能，所以适合卷发回直和毛躁头发使用。

适合直发和毛躁发质！

直发胶
PHYTO 发朵草本直发胶
参考价：130 元
一次性直发产品，成分含天然植物胶，能迅速抚平卷曲毛燥的发丝，帮助卷发的你达成直发造型，水洗后就能恢复头发的卷度了。

适合自然卷或者烫过的头发！

适合自然直发！

造型彩蜡
LUCIDO-L 水漾护发魔彩
参考价：75 元
适合少许地在用发尖或者刘海边沿上，不会增加头发的粘腻感，能抚平发梢的分叉和修复头发的光泽感。

蓬发喷雾
YANAGIYA 柳屋蓬蓬魔发喷雾
参考价：85 元
喷在完全吹干的头发上就能获得比逆梳、刮蓬更快速的蓬发效果，蓬发后因为不方便打开发丝重新做造型，所以最好在造型后使用。

适合稀疏纤弱的发质！

适合凌乱常打结的发质！

顺发喷雾
KOSE 蔷薇顺发香氛保湿喷雾
参考价：55 元
去唱 KTV 或者去 BBQ，头发上总会带有一股烟味和呛味，使用了它就可以消除这些烦恼的异味，并且有顺发增香的效果。

适合烫染过后的发质！

造型护发油
Dr. Hauschka 德国世家楝树护发油
参考价：218 元
在做过造型、仍然感觉非常毛毛燥燥的头发上使用，可以大大降低发质的毛燥度，并且能使染过的颜色更鲜亮、整烫的卷度更明显。

整发液
YANAGIYA 柳屋整发液
参考价：55 元
液状的造型产品一般都很少有粘腻感，能软化较为粗硬的头发，方便塑造成各种造型，吹干了头发就可以使用了，就像精华液一样。

适合粗硬发质！

最贴心最有效的
染发护发产品

9 种自己就能做染发的贴心产品

心疼头发，染发时和染发后都不能掉以轻心，
除了挑选安全的染发产品外，染后护理、染后补色也同样重要，
看看有什么产品能帮助你减少染发前后的不安。

泡沫染发剂
Pretty 泡沫染发剂
参考价：88 元
泡沫染发剂以发泡配方更容易渗透到发丝，停留 30～40 分钟就可以完成染发了，之后用一般洗发水清洁干净即可。

染发膏
FRESH LIGHT 染发膏
参考价：62 元
在头发干的时候使用，涂抹后只要放置 20 分钟即可，先染后脑部分再染两侧和刘海，最后染发根，最后用普通洗发水清洁。

挑染膏
DARIYA 沙龙级多
层次炫染造型挑染膏
参考价：80 元
光染色制造不了丰富的层次感，必须进行局部挑染。挑染膏有着像睫毛膏一样的螺旋状刷头，轻轻一刷就能创造挑染发色，速干类型，马上使用立即出门。

发用粉饼
YANIGIYA 柳屋发用遮瑕粉饼
（深棕色）
参考价：180 元
发根发白或者头发太稀疏露出头皮的颜色怎么办？头皮发根也有专门的遮瑕产品了！将粉末轻轻压在发根处，就能遮盖头皮颜色，清洗也很简单，一般洗头水就可以轻易洗去。

染发笔
PAON 宝王染发笔
参考价：90 元
专业的化妆品级染发配方，毛刷刷头可以把颜色补在有色差的头发上，适合染过颜色但是已经长出新头发，又不想去美发店补染的人。

锁色奶昔
TIGI 锁色丝滑奶昔
参考价：95 元
锁色配方能牢牢抓住色素粒子，造型同时也能抚平发梢，增添光亮，如果你刚染完发又再想寻找一款造型产品，它会比较适合你。

染后洗发露
L'ERBOLARIO 蕾莉欧马加萨油
染后修护洗发精
参考价：128 元
内含植物油及大豆中的蛋白质能加强头皮的活化功效且不会伤害到头发纤维，改善染后易断裂受损的发质，是完全有机的护色洗发露。

染发护色专用润发乳
BURT'S BEES 小蜜蜂
绿茶茴香籽染发护色专用润发乳
参考价：96 元
染后持续使用护色产品是有必要的，专业的护色配方可以留住色素粒子，并且可以让存留发丝的色素粒子颜色更鲜亮。

染后密集修复组
汉高 MD 深层滋润护发套装
参考价：399 元
头发几经烫染蒙难？你也可以做自己的美发医生。一套即时拯救极度受损发质的自助式护发膜，适合多次染色、头发受损严重的情况。

Q 怎么知道自己是属于哪种发质？

A: 平时挑选洗护产品时、做造型时都需要弄清楚自己的发质，不需要仪器，凭手的触觉其实就可以分清发质类型。

- **干性发质**：触摸头皮油脂量是非常少的，头发即使刚刚清洗，也常常摸到打结处。发根浓密，但是发尾有开叉，感觉发尾非常稀薄。

- **油性发质**：头皮油脂量多，甚至用手摸到头发中段还是油的，容易头痒，把头发拨到眼前细看，发尾也容易沾到头皮屑。

- **中性发质**：即使几天不洗头，头皮也能保持不干不痒的状态，用手触摸头发没有打结分叉，发丝从发根到发尾都一样粗细均匀。

- **混合性发质**：用干净的手摸发丝，感觉头皮油但头发干，尤其是越靠近头皮的头发越多油，越往发梢越干燥甚至开叉的混合状态，处于生理期的和青春期的女生多为混合型发质。

- **头皮受损型发质**：烫染过后的人要经常做这个检验——用手缓缓抚摸头皮，感觉发根非常稀疏，局部毛囊有破皮刺痛感，常常容易出现极度干痒、严重出油等反常现象；发丝粗糙，经常有小截断发掉落下来。

- **发丝受损型发质**：表面观察头发发质枯黄、暗淡无光，用手梳理没有顺滑感，但只要进行过焗油和深层护理，情况就会立即改善。

Love Hair 小叮咛

弄清发质是进行美发护理造型的第一步

如果你属于中性或油性发质，且从未烫染过，就可以选择普通或基本型的洗发护发产品即可。而油性或受损型发质就必须依靠专业的针对性产品进行护理。

另外，发质并不是一生都不会改变的，它会因为生活习惯的改变、情绪的波动和烫染过程稍为改变。建议准备两瓶功能不同的洗发水，一瓶供日常清洁护养，另一瓶舒缓型的可供生理期等特殊时期、头发状况不稳定的时候使用。

Q 怎么选购美发定型产品？

A: 各式各样的美发定型产品是你不可或缺的"美发伴侣"，在挑选"伴侣"的时候一定要注重亲身体验的感受和与发质的适合程度。到能提供试用装的卖场和柜台去挑选是必须的，此外尽量选择成分标明"不含酒精成分"的，因为酒精会让秀发变得脆弱枯黄。

🔵 技巧 1： "头发脏一点"的时候再去试用产品

头发脏一点、感觉油油的时候再去试用定型产品，油脂多和并不顺滑的发质更能测试出该定型产品去油和抚平的能力。相反地，挑选发蜡和润发霜时，尽量要保持头发干净清爽，才能看出发蜡和润发霜的粘合力和清爽与否，因为蜡状和霜状的定型产品，我们主要在乎的是清爽度如何。

🔵 技巧 2： 用鼻子和手指去判断

使用无香型的美发定型产品是一种礼仪，当定型产品挥发出香味时，你还能判断它是否超出了你的喜好范围。手指触碰用过定型产品的发丝，能确保当发丝掠过或碰到脸部时，不会出现尴尬的粘着不动的现象。

🔵 技巧 3： 是否难清洁

只要当天用了定型产品，一定要增加洗发水的用量。如果在过完清水后，你仍然感觉头发生涩、难梳理，或者仍然有该定型产品的味道，那么就证明它对发丝的侵蚀性太强、残留度太高，应该立刻更换你的定型产品。

Love Hair 小叮咛

不要追求强力固定性牺牲头发健康

无论是哪种定型产品，都会含有影响头发健康的乙醇或丙醇溶剂、表面活性剂和增黏剂。乙醇或丙醇溶剂能使定型高分子均匀地涂布或喷洒在头发上；表面活性剂既含有亲水基团又含疏水基团，定型产品才能形成或稠或稀的形态；而有了增黏剂，才能让定型产品有较高的黏性。因此我们要慎选硬度太高的产品，宁可多使用发夹来固定，节约定型产品的用量。

Chapter 2

手到擒来！
美发工具基础教学

多选题.

发型师的秘密，你知道多少?

✂ 套在吹风机前的那个大烘罩，可以吹出唯美自然的发梢

✂ 一个烘罩加几个发卷，打造迷人卷发其实并不难

✂ 大明星的盘发时刻牢固，是因为里面放了个螺旋夹子

✂ 发量少也能盘出充盈盘发的秘密，是发型师在头发里藏了海绵盘发器

✂ 快速做出蛋卷头的秘密，是发型师用了三棒卷发棒

✂ 这些工具都不贵，你也可以在家自己完成！

小巧可爱的发卷用起来并不困难，不必讲究排列组合，也不需要遵循规律，只需要挑选适合你头发状况的直径的发卷，掌握热风定型的时间，就可以达成直发无伤变卷的目的。

学会用 ▶ 发卷！

海绵发卷神奇直发变卷术

发卷制造的头发卷度是随意性极大的，
发尾充满着率性和活力，
同时仍然保留着直发的柔美和自然。

发卷是怎么操作的？

先把头发梳通，从发尾开始上卷，把头发伏贴地绕在卷芯上；

向上卷的时候不时按压一下发卷，使头发被卷芯的小勾刺牢牢抓住，不需要借助夹子固定；

采用几种直径大小不一的发卷、以内外卷交错的方式上卷，会让你的卷发更入时；

把发卷分成两边，依次烘发30秒，理论上而言干发湿发都能这样操作，时间长短需根据自己的经验来调整；

烘发时一定要让出风口对准发卷，并且保持每个发卷都能均匀受热；

烘发后放凉几分钟，等温度变凉时才能把发卷拆掉，喷上定型喷雾就可以了。

扁塌刘海如何借助发卷塑型

上卷正、侧、背面示意图

完成！

Step1: 发量比较少的人用一个大直径的发卷就可以给刘海定型了，从发尾开始向内卷。

Step2: 将吹风机调到热风档，弱风，呈直角给发卷送风，不要对准直吹把头发的毛鳞片吹翻，大概10秒就可以给刘海定型了。

发卷和烘罩是最完美的组合，如果你只想让发尾带有一点点卷度，用3~4个发卷和烘罩就可以办得到了。发卷＋热风定型不容易出现秀发损伤的问题，所有的发质都适合使用。

学会用 发卷！

发卷 + 烘罩，烘出唯美自然发梢

发饰推荐

side

Back

低马尾华丽自然地散落下来，
很有大家闺秀的气质，是成熟女生的首选发型。

选择适合自己的发卷

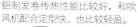
铝制发卷传热性能比较好，和吹风机配合定型快、也比较轻盈。

铝制卷芯发卷

普通塑胶发卷
外带卡套，把头发绕在卷芯后再套上外卡套，固定效果比较好，缺点是重量比较重。

头发绕在卷芯时会形成比较明显的卷度，卷度不如一般筒状发卷自然，但胜在轻盈、不怕挤压，睡觉也可以戴。

海绵发卷

电热发卷
插电预热，温度到达后绕上头发就能定型，不需要用到吹风机，实用率最高。

夹式固定发卷
将头发绕在蓝色卷芯上，再夹上白色网夹即可，操作非常方便，但容易使头发夹出弯痕。

固定型海绵发卷
普通的海绵筒状发卷外加一个固定的卡槽，先把头发绕在粉红色的卷芯上再插上卡套，定型效果不如铝制发卷好，要戴比较长的时间才能出效果。

学会一步步给发尾上卷

从头的一侧开始编三股辫，注意留出一点点鬓角发修饰脸型；

一直往后脑勺编发，拉取脖子靠上的头发不断加股，辫子要浮在中间；

收尾的时候用小夹子固定好，也可以用小皮筋直接绑成一个低马尾；

剩余的1/3头发要用大号发卷上内卷，卷度拉到耳边；

用3～4个发卷，然后把头发放进烘罩内热烘30秒左右；

待发卷的温度降下来后，感觉不发热的时候再拆卷，这样才不会破坏卷度，之后喷定型喷雾；

在辫子连接马尾的交界处使用发饰，完美地修饰这个不太美观的衔接的地方。

用吹风机给头发定型一定要借助梳子，过强的热风也容易出现把头发越吹越毛躁的情况。用烘罩就完全没有这个问题，把头发放进烘罩内吹干，还能使发尾带上柔和自然的弧度，干发定型两全其美。

学会用 烘罩！

长发定型，烘罩的超实用用法

发饰推荐

干发的同时只需要烘干发尾，
拥有自然卷度的发梢让普通的马尾也产生了不一样的变化。

先学会选择适合的烘罩

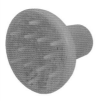

基本市面上所有的烘罩都能和吹风机的风筒相匹配，都能套进去，我们要选择出风孔多且有柱形突起的烘罩。

出风孔多，证明吹风机吹出来的风就会越柔和，不会吹翻毛鳞片，让质变差；柱形突起的作用是，当头发绕在它们中间时能吹出卷度，不需要用卷发棒就能制造大卷发。

Look 1:
用烘罩烘一下马尾的发稍就能做到类似烫了大卷的效果。
How to do:
在马尾上喷一点水，将马尾的下半部分装进烘罩罩子里，抬高烘罩，用热风烘30秒即可，头发细软的人最好马上喷一点定型喷雾。

Look 1:
头发未干的时候用烘罩烘一下发尾，就立刻带有浪漫感觉。
How to do:
将发尾稍微绕成内卷的样子，小心地放进烘罩罩子里，保持发尾内弯，同样也是用热风烘30秒，拿出来后发尾就会带有微微的内卷了。

学会把直发吹干并烘出卷度

刚洗完头的时候，先用吹风机把头发吹到七成干；

稍微把头发梳直，将发尾随意地团进烘罩的罩子里，并用手盖住，用热风烘干30秒左右；

将烘罩靠近头顶，让全部头发都装进烘罩的罩子里，碰到发根时稍微往上推，热风烘干发根时可以帮助发根站立，比吹风机吹干的蓬发效果会更加好；

把发卷分成两边，依次烘发30秒，理论上而言干发湿发都能这样操作，时间长短需根据自己的经验来调整。

烘罩干发的效果是发尾会呈现出不规则的卷度，卷度较大，而且头发比较蓬松，大大减少了毛燥的情况。

小巧可爱的发卷用起来并不困难，不必讲究排列组合，也不需要遵循规律，只需要挑选适合你头发状况的直径的发卷，掌握热风定型的时间，就可以达成直发无伤变卷的目的。

学会用▶ 卷发棒！

卷发棒是怎么操作的？

发师推荐

好看的自然大卷都是内卷和外卷共同打造的，内外卷的方法一起运用就会出现卷发的厚重感和层次感。

发卷是怎么操作的?

卷发棒达到一定温度后,张开角度,拉起一片头发并夹住头发的中段;

用拇指控制好卷发棒张开的角度,不要夹紧,松开,带过头发慢慢向发尾滑;

滑到发尾时,要确认发尾都卷进卷发棒里,避免上卷后发尾仍然是直的;

松开拇指,将卷发棒慢慢向上卷,直到贴近发根处,保持5~6秒就可以松开了。全头头发分区后,都以这样的方法给每片头发上卷。

成功上卷的一片头发是这样的!

学会给上了卷的头发拨松塑型

完成!

上卷前

拨松前

拨松后

Step1: 卷发前保持头皮干爽,轻轻拨动发根,手指的幅度可以大一些,不用梳子,卷度自然就打开了;

Step2: 选择不会使头发变湿打绺的定型喷雾,喷少量在发尾,让卷度固定又不至于增加了头发的重量;

Step3: 用梳子会使发卷变毛燥,用双手揉开发卷就可以了。

拨松后的卷度不仅仅让发量显得更多了,洋气指数和清爽指数也在一路飙升。

发量太多、头发太滑都会导致普通的发夹不能起到很好的固定作用，当你做出盘发时也总是为它会不会松散而慌慌不安。现在只有螺旋造型发夹勇于挑战地心引力，在它的帮助下，动作再大，盘发也绝不会出糗。

永固型盘发挑战地心引力

有了螺旋造型发夹的帮助，
更勇于做收短、藏发式的造型。

先了解螺旋造型发夹

学会用螺旋造型发夹固定盘发

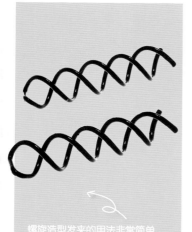

1 分区

选给头发分成三区，上两区发量较少一些，下区要分多一些的头发；

2 拧转

下区头发要梳直拉高，然后拧转，到发束拧到最紧的时候就可以了；

螺旋造型发夹的用法非常简单，顺时针旋进是拧紧头发，逆时针旋出则是松开头发，无论是把两束头发连接在一起，还是固定发包、发辫，再厚的发片都可以利用它来旋紧固定。

3 旋紧固定

盘成圆髻，发髻与头发相接的地方用螺旋造型发夹旋紧固定，一般来说只要发髻不是特别大，在上、左或右、下三处各旋紧一个螺旋造型发夹就能完全固定好；

4 加发

将右区的头发盖在发髻的上面；

5 旋紧固定

选一处头发最薄的地方旋进一个螺旋造型发夹，务必要旋到底；

6 定型

将另一区的头发自然地披散下来，在表面略喷一点定型喷雾的就可以了。有了螺旋发夹，定型喷雾的用量是可以大大减少的。

发量比较少，再巧的手也束手无策。喜欢优雅盘发的你为自己准备一个海绵盘发器吧！它柔软的身躯可以充实发量，灵活自如的卷曲度可以帮你达成大小不同的盘发造型，最主要的是它足够轻盈，甚至让你察觉不到它的存在。

学会用► 海绵盘发器！

三分钟达成极至优雅法式盘发

盘发上半部的饱满发髻是由海绵盘发器完成的，
形状与真发完成的相比，
达到了难分真假的程度。

发饰雅荐

Back

Side

先学会使用海绵盘发器

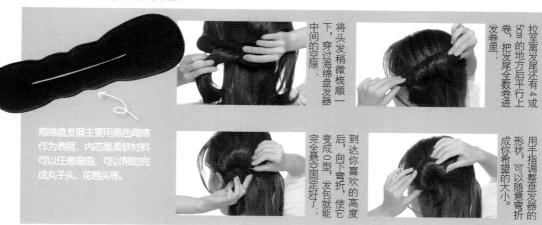

海绵盘发器主要用黑色海绵作为表层，内芯是柔软材料可以任意弯曲，可以帮助完成丸子头、花苞头等。

将头发稍微梳顺一下，穿过海绵盘发器中间的空隙；

拉至离发尾还有4或5cm的地方后平行上卷，把发尾全数卷进发卷里；

用手指调整盘发器的形状，可以随意弯折成你希望的大小。

到达你喜欢的高度后，向下弯折，使它变成O型，发包就能完全悬空固定好了；

扁塌刘海如何借助发卷塑型

1

从耳后选取没有卷进盘发器里的发束，分成两半，分别拧转几圈；

2

下面的发束在上，与上面的发束交叉后合并成一根发束；

3

用同样的方法，从右往左选择大小均等的发束，下面的发束在上，与上面的发束交叉后合并，就形成了与编发相近的花纹；

4

5

最后合并而成的发束也要稍微拧转几圈；

6

将发尾绕在盘发器的根部，绕至盘发的一侧固定好，把发尾尽量都隐藏在盘发器下；

7

如果不能完全隐藏发尾，可以在固定的地方戴上一个超大号的发饰。

三棒卷发棒能在头发上制造规律的波纹，停留时间长短也决定了卷度的明显度，无论是明显的波浪头，还是若有似无的蛋卷头，用三棒卷发棒就可以打造。

学会用▶ 三棒卷发棒！

五分钟自己做出漂亮的蛋卷头

头发像棉花一样柔软，
波浪纹时有时无的蛋卷头也可以清新可人。

先学会选择适合的三棒卷发棒

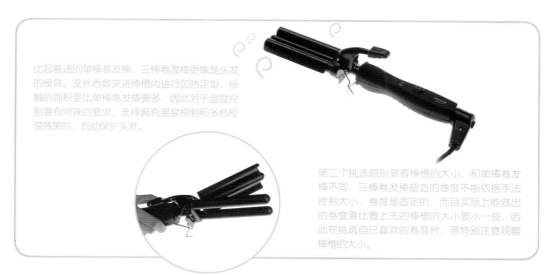

比起普通的单棒卷发棒，三棒卷发棒更像是头发的模具。发丝悉数夹进棒槽内进行加热定型，接触的面积要比单棒卷发棒要多，因此对于温度控制要有特殊的要求，选择具有温度控制和多档控温效果的，有助保护头发。

第二个挑选原则要看棒槽的大小，和单棒卷发棒不同，三棒卷发棒塑造的卷度不能依据手法控制大小，卷度是固定的，而且实际上能做出的卷度要比看上去的棒槽的大小要小一些，因此在挑选自己喜欢的卷度时，要特别注意观察棒槽的大小。

长发怎么做成漂亮蛋卷头

上卷时要分成薄片来上卷，先给发尾上卷，要把发尾全部放进卷棒内，不要留出直发；

夹发根时，要稍微把头发拉高45度，停留5秒之后放下来才会比较蓬松；

两鬓边发上卷时，要稍微将头发往后侧拉，方向向外的卷发能突显五官；

头顶的头发上卷也要拉高再上夹，分的片区越多，头顶越蓬松。要视自己的发量来决定分区多少，再分别上卷。

不能精确地控制卷发棒的温度？总是对烫发电器很害怕吗？现在有了完全不插电就能做出卷发的方法了，那就是借助海绵卷发棒！只需要几根海绵卷发棒，绕一绕，打个结，卷发就是这么简单。

学会用▶海绵卷发棒！
不插电卷发法速成漂亮内卷

发尾的卷度并不是那么明显，
但是却拥有洋气大方的卷翘度。

步骤1 入门！
先了解海绵卷发棒

海绵卷发棒较粗的部分用于绕上头发，尖端的"尾巴"最后穿过环形孔，头发就能牢牢地固定下来了。海绵卷发棒可以用在湿发上，一边卷绕一边吹干，也可以用在干发上固定30分钟左右喷喷雾定型。

学会一步步给发尾上卷

1

将要上卷的头发稍微捋直，从发尾开始绕在海绵卷发棒最粗的地方；

2

果断迅速地向上卷，如果有碎发岔出，要把它重新卷进发棒里；

3

海绵卷发棒不会扯痛头皮，尽量把每一个都卷至发根；

4

插上尖尾，穿过孔后拉紧，紧紧地卷住尖发。

5

卷上每一个海绵卷发棒时最后都不要排列得太规律，这样形成的卷度才不会老气。

单边完成！

Before

After

烘罩干发的效果是发尾会呈现出不规则的卷度，卷度较大，而且头发比较蓬松，大大减少了毛燥的情况。

Q 怎么避免卷发棒给头发带来的热伤害?

A: 随着大家美发技巧的提升，卷发棒几乎是每人每天都要用到的造型工具了，除了要注意卷发棒设定的温度之后，也有三种技巧帮助避免卷发棒给头发带来的热伤害。

● 技巧 1: 使用抗热卷发产品

很多人都会使用免洗护发素或者润发乳来充当抗热产品，实际上这些产品的抗热效果都不是特别好。专门针对热操作的抗热产品能吸热凝固，在头发表面形成一层保护膜，抵抗吹风机、卷发棒对头发的伤害。但一定要注意要在头发完全吹干的时候用，才能发挥抗热效果。

● 技巧 2: 洗头后隔 1 个小时再进行整烫

洗头后头发毛鳞片张开，头发含水量比较大，在这个时候如果急于吹干、用卷发棒做造型，会加速水分的蒸发、毛鳞片也会受到更强的伤害。洗头 1 个小时之后，头发自然干透，毛鳞片闭合后再整烫为好。

● 技巧 3: 尽量不要在头发上使用湿发可用护发品

有的人在干半的头发上使用一些护发精华或者润发乳，认为有油脂包裹，一定能减少热伤害。实际上油脂包覆头发使水分更不容易蒸发，延长了热风接触的时间，热伤害反而是加重的。

从温度着手做好基础防御

市面上的卷发棒能设定的温度一般在 80℃～200℃ 之间，也有一些能自主提温的卷发棒温度高达 200 以上。一般而言，卷发棒的温度尽量控制在 120℃ 以下，这样才不会特别伤害头发。发质粗一些的话，可以稍微加温到 150℃ 左右。用卷发棒时最好要预热 20 秒，争取一次性成形，减少卷发棒在同一片头发上多次重复上卷。

Q 梳了喜欢的发型，怎么保持得更久?

A: 经常变化发型的人最好准备几款定型产品，定型力和硬度各有不同，方便进行各种造型。除了比较常用的喷雾，还有发蜡、发膏、摩丝、啫哩等可供选择。

- **喷雾**：喷雾里的胶质成分会因接触空气而迅速干燥成为纤维状，具有将头发撑起的效果。喷雾因为比较具有轻盈感，几乎是适合所有发质使用的。

- **发蜡**：结合了发胶的固定能力和发乳的自然风格，多用能使头发显得油润并具有稳固力，少用薄用能使头发丝丝分明并且蓬松自然。

- **发膏**：管状的固体膏体，可以用手指抹着取用，也可以直接像橡皮擦一样擦在头发上。一般用于将碎发归整，帮助小碎毛服帖。

- **摩丝**：接触空气后会迅速发泡，呈现出白色泡末状的质感，一般而言用于半干的卷发塑造卷度。对新手来说，用摩丝的量和手法都不易把握，过量容易使头发过湿，用了错误的手法还会导致发卷纠缠，不适合发型初学者。

- **啫哩**：果冻状的凝胶质感，具有超强的粘度和最佳的固定效果，无论是湿发还是干发均可使用。一般而言定型啫哩能带来湿润的效果，不适合发量本身就比较稀少的人。

头发打底产品也有助发型持久

发型容易塌，有的时候是因为头皮出油所致，使用去油型的洗发产品或者具有控油效果的打底产品，能让发型在无油的前提下保持得更久。蓬蓬粉、蓬发液也是比较常见的打底产品，它们有的甚至可以用在发根，从发根就根根站立，从根部就加强发型的持久力。假如你要做一个基础马尾，先在发根使用蓬蓬粉，发量增多了之后，马尾的形状就会比不使用的时候保持得更久一些。

灵活百变！
变发进阶手法

单选题.

这些发型变换手法你掌握多少?

□ 编一编，编出复古风格法式辫

□ 卷一卷，卷出迷倒众生大波浪

□ 挽一挽，挽出天真无邪丸子头

□ 盘一盘，盘出优雅贤惠好气质

 看完这一章，以上我就全会了！

动手来 打毛 逆梳
膨胀系发型，小女人有大轮廓

使五官豁然开朗的大轮廓马尾

蓬松饱满的马尾能使头型更圆更好看，无形中拓展了五官的开朗度。

Side

大轮廓步步为营

1 先在头顶较高的位置上绑一个基础马尾，然后用一根发束将发绳绕几圈，隐藏起来

2 将马尾用卷发棒做出内外卷，建议使用直径在28mm左右的大卷棒；

3 使用喷雾固定头发卷烫后的弧度，一边喷一边用手将卷度拨开，塑造马尾的高度和蓬度

4 比较软的刘海要用密齿梳稍微逆梳几下，抹一点点干性发蜡加强头发的支撑力；

5 向内绕转，最后发尾是藏于刘海绕圈后形成的空间，并用小发夹固定好就完成了。

基于发量普遍稀疏的亚洲女生，打毛／逆梳技巧是必须掌握的美发秘籍。发型轮廓加乘放大的效果除了夸大发型效果，更可以使发量充盈、修饰五官和脸形。每个人都希望拥有一头浓密的秀发施展出自己最钟爱的发型，现在即使条件不济的情况，也可以通过打毛／逆梳技巧顺利实现。

每个人都能学会的打毛基础教程♥

处理一般长卷发时这样做，能使卷度更美观并且达到发量增多的效果。

| 要使头发膨胀起来，上卷发棒时尽量给头发多分几束，内卷和外卷交叉上卷； | 手放进头发根部，从根部拨动发丝，这样卷度可以完全打开并且不会凌乱； | 取一片头顶的头发，用密齿梳从里面逆梳2～3下； | 放下头发，用梳子稍微梳一下表面，注意不要将逆梳的地方抚平，头顶就不再扁塌，而是变得饱满起来了。 |

重点在这里！

① 抓住发束中间的几根，另一只手将正团卷发向上提拉，用这个方法调整完全头的头发；

② 一只手护好卷度，喷上定型喷雾，经过抽拉技巧的蓬满卷发就定型好了。

Before

Change!

卷发变得饱满蓬松，卷度清晰了，发量也一下子增加了不止一倍！

After ♥

朝气十足的大轮廓马尾前置刘海

充满空气感的膨胀发型，即使肆意堆叠在额前，也不会感觉厚实，反而彰显出一种朝气。

大轮廓步步为营

1 给全头头发上卷度，使用直径28mm以上的卷发棒，将头发3/4全做出内外卷，尤其在发尾要稍微停留得久一些，使卷度更明显；

2 在头顶高位绑基础马尾，用手指逆梳几下，塑造出马尾的厚度和体积感；

将马尾向前推，用小夹子多方向固定好，并将发尾朝前，覆盖在刘海的区域上，发尾的位置可以根据自己脸型的特点决定左右；

用手取一些哑光发蜡，薄薄搓匀在双手上；

用拇指和其他四指揉搓的方法，将马尾刘海的卷度慢慢搓开，你会发现卷度更明显了，并且充满空气感。

重点在这里！

① 趁发根蓬松分散的时候，先上卷再扎马尾能让头发的卷度更明显一些；

② 用结实的头绳固定好马尾的位置，足够牢固才能支撑后面的造型不会扁塌；

③ 在手指掌心抹上一些发蜡，双手抓住马尾用五指去揉搓卷发，注意不要撕也不要拉；

④ 将发尾位置甩在额前，再抹少许发蜡，用同样的揉发技巧调整单独的每一束头发。

上过电卷棒再揉发的卷发，无论是发流还是体积感都相当有型。

动手来 收短
背面收短的乖巧系盘发

从前面看起来头发是刚刚过耳的乖巧中发，
背面依然清爽怡人。

发量比较多的人可以把最下层的头发编成发辫，藏进上层头发的发包里就能成功收短。到了夏天留长发的女生假如想以中短发示人，可以选择这样的一种痕迹最小、利用几个小夹子就能做到的盘发。

成功盘发 step by step! ▶

选择花团形状的发饰，不单是突出少女味，饱满的花形也弥补了发量的不足，让你的头发看上去显得很多。

1

先给头发烫出一个基础卷度，卷度大小和上卷的高度都由你自己喜好而定，喜欢大蓬卷效果的可以把卷度烫得高一些。

2

挑出最下层的头发，分成左右两份，分别编成三股辫，再把两条辫子交缠在一起，固定成一个服帖的发包。

3

在发包下面的位置交叉打结，把上层的头发盖下来。

4

交叉后发尾就自然向内了，把发尾整理得好看一些，用小夹子调整它们的摆向和形状。

5

在你认为发型比较空洞的地方别上发饰就完成了。

辫子发包一定要盘得足够紧，不松脱，盘在头形比较凹的地方，顺便修饰一下头形。

需要工具

卷发棒

＋

波浪夹

＋

体积感比较大的发饰

波浪夹的固定力比较强，尤其是在固定比较紧实的辫子的时候，抓发力特别强。

动手来 编发

曝光度 NO. 1，八分钟达人款编发

两条交错的三股辫，编起来并不困难，但却能给平淡发型多一点点变化，塑造乖巧气质。

束发技巧比较简单时，选择细节设计上比较复杂一点的蝴蝶结吧！

发饰雅君

Side

Back

简单的卷发如果能搭配一点编发技巧就能增加造型的华丽感，三股辫并不复杂，但是却能狠狠抓住众人的目光。特别是头发染色之后，适当地编出发辫就能散发甜美可爱的感觉。

成功编好发辫 step by step♥

上卷
从头发的中段开始，给头发做出一些自然的弧度，尽可以随意一些；

编发
从额头右上角抓取一束较长的头发，向左边方向编简单的三股辫，注意要编得均匀一些，碎发多的话可以抹一点点发蜡；

固定
用皮筋扎好后，用小发夹固定在左侧头发的发根深处，把发尾隐藏起来；

编发
再从左侧头顶区选取一束较长的头发，向右边方向编简单的三股辫；

固定
把发辫的末端藏在第一条发辫的起始位置，用小夹子也固定好；

夹好
在两条发辫的交汇处别上一个长形发夹，清爽地露出脸的外廓，这款简单的编发也完成了。

发辫的粗细要控制得当，粗了会不够精巧，太细则达不到效果，要多多练习斟酌。

需要工具

发蜡 ＋ 皮筋 ＋ 发夹 ＋ 卷发棒

抹上一点点发蜡就能使碎发乖乖听话，编出整齐的发辫；皮筋和发夹主要起固定作用；卷发棒做出垂散头发的卷度。

动手来 编发

突出少女味！森女系无造作编发

发辫的加入会让平淡的卷发多一点层次，三股辫的编发也容易掌握，看看即可学会。

要突出轻灵活泼的少女气质，没有比编发更有效的了。在披散的卷发中挑出几缕编成辫子，这样显得很新意又清爽，再配上一个精致的发饰，散发清新健康的可爱感！

成功编发 step by step! ▸

发饰推荐

有童话色彩的图案和卡通书一样的用色，这类型的发夹会比较有少女味。

1

用大号卷发棒给头发上卷，上卷的位置可以高一些，让头发尽量变得饱满；

5

在发辫的开端夹上一个方形发夹，让发辫在卷发中若隐若现，营造出轻快的感觉。

头顶区域的头发要拉高来上卷，目的是放下来的时候会更蓬松一些；

给头发发尾部分定型；

在头侧随意地选出几缕头发编成三股辫，一前一后尽可以随意一些；

用于编辫子的发量不需要太多，随意一些，粗辫子会失去柔软性，让发型变得很怪异。

需要工具

卷发棒 ＋ 润发乳 ＋ 定型喷雾 ＋ 皮筋

为了避免毛躁，当你打算把卷发披散下来的时候，可以使用少量的润发乳，卷发的光泽感会更好一些。

蓬松的麻花辫随意的垂在耳朵后面，和复古味道的衣着搭配起来相得益彰。

Side

Back

发辫很有民族感，要想做得自然生活化一些，必须要编得松散自如，像发箍一样绕过头顶的粗款发辫有着法式的古典风情，就算不使用任何配饰也依旧亮眼。

成功编好法式辫 step by step

1 选区

2 加股

3 加入后侧

在头顶上选出三束较粗的头发，往斜下方向拉，编三股辫。

采用不断加股的方法，从头后侧拉取发束加上去，保持发辫的位置始终在耳朵的斜角方向。

编到耳朵背后时，把剩余的头发一次性加到三股辫中继续往下编。

4 收尾

5 隐藏皮筋

一直编到发端的最末尾，时可以抹一点发蜡，如发尾分岔，这

用小皮筋绑好，并选择一小束头发绕在皮筋上遮盖起来，发尾绕进皮筋里。

> 编的时候要把发辫始终保持正面朝前，不要贴着头皮编，最好有点松动感。

辫子的末端要尽量使用小巧的发圈，装饰物都不要过大。

需要工具

U 型夹

+

发蜡

+

瞬效防毛糙精华露

编发会更加突显毛燥，发质不好的人尽量在编发之前使用防毛糙的产品，瞬间改善发质，发辫才有健康光泽感。

不要一开始就从发根上卷，离发皮稍微远一点的距离开始卷烫，卷发看起来会更充满弹性。

Side

Back

无论潮流如何转变，卷发造型直至今天依旧热潮不减，要塑造出迷人的卷发，一定要确定自己最适合的卷度大小，呈华丽 A 字形的蓬松卷发造型，连发梢也上卷可以增加跃动感。

成功塑卷 step by step! ▸

上卷
发尾丰厚量靠电卷棒，上卷的时候要把头发稍微提起来，发尾放下来的时候才会有厚厚的堆叠感；

头顶上卷
靠近太阳穴的头发要烫成外卷，外卷能向外扩展脸形，显得人比较有朝气；上卷的时候尽量不要两边完全对称，要回归我们头发最原始的自然卷；

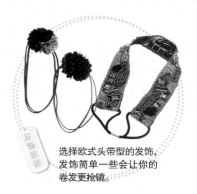

选择欧式头带型的发饰，发饰简单一些会让你的卷发更抢镜。

刘海
刘海向后梳，拧转一下发尾用小夹子固定起来；

定型
将刘海抓出一点不太规则的后梳造型，喷定型喷雾，为配合整体外卷发型增添了明亮的气质。

需要工具 ••

卷发棒　　　　　　润发乳　　　　　　定型喷雾

发质易损伤的人最好在上卷发棒之前，使用具有防止热伤害的护发水。

动手来 内卷
经久不衰的梨花头打造技巧

Side

Back

内卷的发梢仍然是乱中有序的，
规律不一的卷度让头发看上去活泼大方。

梨花头的打造技巧仅仅是打理一下发尾而已？不！就算它的一半仍然是直发造型，也分外讲究层次和走向。利用卷发棒就可以一并打造出柔顺的直发和内卷的发梢，给你最经久不衰的梨花头。

成功打造梨花头 step by step!

发带、发箍都不会破坏梨花头的乖乖LOOK，成为梨花头必备的两种发饰！

分层
先用夹到更多头发的鹤嘴夹给头发分成上、下两区，如果你想让头看起来堆叠得更厚一些，可以分 3～4 区；

下层上卷
给最下层的发尾上内卷，注意不要卷超过 1 圈，只卷烫发尾就可以了；

外层上卷
外层的头发也按这个方法上卷，取发片时要宽一些，发量不宜取太少，发卷才能形成梨花头特有的复古又俏皮的味道；

塑造弧度
最外层的头发可以稍微卷烫一下中段，塑造乖巧好看的、向下扣的弧度；

刘海
卷发棒关掉后剩余的一点点温度，最适合用来卷烫刘海，发尾依然是向内扣着的。

根据自己的发量多少决定
要分成多少层来上卷，
发量少的话建议多分几层。

需要工具

梨花头不需要任何会粘住头发的定型产品，使用干爽的、可以让发根站起来的蓬蓬粉，以及让直发更顺滑的营养喷雾打理就足够了。

鹤嘴夹　　　　　卷发棒　　　具有防止头发失水干燥的喷雾　　　蓬蓬粉

动手来 束发

利用蝴蝶结做束发，挚爱蝴蝶结

Side

Back

侧重侧面蝴蝶结发饰的束发清新自然，看上去素雅大方。

048

蝴蝶结是我们最常用不过的发饰了，它能令一款再简单不过的发型也能绽放新的亮点。那么如何才能 100%show 出蝴蝶结的美感，一款螺旋拧转的束发，就可以制造这样的强大气旋！

成功束发 step by step

束发技巧比较简单时，选择细节设计上比较复杂一点的蝴蝶结吧！

1 拉高 先扎一个半头，将头顶的发束拉高，调整一下，让头型看上去更饱满一些。

2 收夹 将左右两边鬓角处的头发往后梳、合拢、拧转，用夹子夹紧，发尾让它随意地散落下来。

发饰推荐

3 定型 将刘海向后梳，用手指把握一个基本的形状，喷定型喷雾。

4 收夹 将颈后剩余的头发一并往上收拢、拧转，和第一次束起的部分夹在一起。

5 发饰 将长出的发尾绕向前面，用宽面的蝴蝶结发夹夹好，起到固定和装饰的作用。

讲究随意性，要使用大量的强有力的夹子固定。

需要工具

U 型夹 ＋ 蝴蝶发夹 ＋ 定型喷雾

要选择定型强度适合自己发质的定型喷雾，夹子、发饰和喷雾的有效配合，才能保证束发不容易散乱。

动手来 挽发
丸子头花团头变发秘籍

选择碎花发圈，露出一点点图案非常女孩气，充满夏日味道的图案、浪漫的色调也让人怦然心动。

丸子头和卷曲的头发混合在一起，散发着时尚感，更能提升服装的活力指数。

Side

Back

可爱简单的丸子头红极一时，现在已经成为女生的最爱了，特别是炎热的夏天丸子头发型更是受人追捧，看似简单的丸子头挽发其实 DIY 的时候需要一些技巧，掌握了它你也能挽出适合自己的丸子头。

先给头发上一点基础的卷度会让丸子的形状更饱满一些，否则直发不容易塑造出可爱饱满的味道。

成功挽好丸子头 step by step

收刘海
要刘海清爽一些，首先要把额头露出来，抹一点点发蜡将刘海梳向后，梳得高一些，用夹子固定好发尾；

上卷
头发太直的话不容易挽出饱满的丸子头，所以要用大号卷发棒先做出基础大卷；

发蜡
在发梢上抹一点发蜡，加强卷度，也让头发多了滋润的光泽感；

马尾
在你喜欢的位置上，用强力发圈扎好马尾

绑紧
绑第二圈时，不要拉出发束，正好卡在一半的位置上，露出好看卷曲的发尾；

调整
用手拉开发束，调整一下体积感，左右两边打不开的头发用夹子固定在头顶，丸子就成型了。

需要工具

发圈

U 型夹

卷发棒

U 型夹固定头发的能力一级棒，加上直径在 25mm 以上的卷发棒，就能打造易于挽出丸子头的基础大卷。

动手来 拧发
拧转技巧速成韩风盘发

Side

Back

052

成功编发 step by step! ▸

1 在头顶的一侧随意地抓取三束头发，从三股辫开始往下编；

采用不断加股的方法，发辫从刘海经过，把刘海的头发全部编到发辫里；

沿着脸的外轮廓编发辫，一直编到耳后的位置；将没有编到的头发梳过来，和发辫合并在一起；

在手上涂抹少许发蜡，利用发蜡的粘力拧转整束头发，一直拧到发尾；

盘发要体积足够大才会好看，大尺寸大蝴蝶发饰能弥补发量的不足。

拧转后不要松手，将头发顺势盘成发髻，接着用小夹子分各个方向固定好；

在发髻上戴好你喜欢的发饰就完成了。

拧转头发要稍微按紧一些，头发的纹路才会好看
如果担心拧转会更疼发容出来
建要使用发蜡或者滋润但比较强一些的润发素

需要工具 ⋯⋯⋯⋯⋯⋯⋯⋯⋯⋯⋯⋯⋯⋯⋯⋯⋯⋯ ♥

卷发棒   ＋   发蜡   ＋   固定发叉 / 发夹

如果能在拧转头发之前，将头发稍微烫出一点卷度，拧转出来的头发的螺旋效果会更好，发量显得更多一些。

动手来 盘发

两分钟就能完成的疗愈系无重力盘发

两条交错的三股辫，编起来并不困难，但却能给平淡发型多一点点变化、塑造乖巧气质。

Side

发量比较多的女生不容易盘出清爽利落的盘发，结合扎实的编发技巧和发髻技巧，可以把全部头发都收编起来，并且不需要任何的定型产品，保证整个夏天的清爽，这才是无造作的疗愈系发型。

成功编好发辫 step by step▶

盘发已经足够复杂了，只需要别上具有可爱图案的小发夹，隐隐约约露出来就行。

编发
从头顶偏右的区块取三束发辫，往左耳的方向开始编三股辫；

三股辫
采用加股的方法，一边往下编一边加进新的发束，保持发辫粗细均匀，把两鬓的头发都收编进去；

收尾
将发辫编到发梢的最末尾，用小皮筋绑好；

盘发
用手随意地团成一团，用强力的U型夹将这团盘发固定在耳后偏向的位置，可以分多几个位置进行固定；

调整
确保固定好了之后，轻轻将发辫拉开，刚刚盘好的头发就会打开变成饱满蓬松的造型了。

学会从多个方向把盘发团固定好，因为已经编成辫子了，固定起来也会容易一些。

需要工具

发蜡 ＋ U型夹 ＋ 皮筋

发蜡是盘发一定要用到的宝贝，不仅会让盘发更牢固，也能抚平岔出的小碎毛。

动手来 盘发

只用夹子打造人气最旺的 华丽花式盘发

盘发时挑出几缕发丝垂下，
会消除盘发过多的成熟感，
平添几许可爱

发饰推荐

对称感比较好的蝴蝶结
发饰能平衡盘发的熟女
感觉，散发什么样的气
质全凭发饰的挑选。

Back

一般来说，盘发必定要先经过上卷这个步骤，否则没有办法做出盘发的体积感。当你赶着出门的时候，即使身边只有几个夹子，也能盘出华丽的盘发。

成功盘发 step by step! ▶

半头马尾
选出头顶下面居中的这片区域的头发，用小皮筋绑成半头马尾；

收夹侧边发
太阳穴两边的头发拧一圈，用小夹子都固定在半头马尾的皮筋上；

拉松
用手指把头顶的头发拉松，不要绑得太贴，以免影响了头形；

做卷子
下层留出的头发根据自己头发的发量分为 6 ~ 8 等份，分别外翻卷成卷子，用夹子固定在 Step1 做好的半头马尾上；

固定
如图做成两层堆叠的效果，卷子要做得紧密一些，头发比较散的时候可以用一点发蜡。

装饰
在盘发的上方别上一个发饰，点亮盘发的焦点位置。

做卷子要做得大小均等，头发长短不一的人比较难做出整齐的卷子，必要时可以用发蜡抚平一下碎发。

需要工具

皮筋

+

U 形夹

+

发蜡

做这些发型要用比较多的夹子，波浪夹比 U 型夹抓发力更强，比较适合平贴着上卷子的情况。

Q 绑头发的时候
对头皮会不会有伤害？

A：经常绑头发会造成秃头吗？经常习惯性绑同一种发型会导致这一部分的头发脱落吗？我们对绑发没必要如此恐慌，但是也要注意绑发的力度和技巧，因为头发的确会因为外力的拉扯而脱落。

● 不要绑太紧的马尾

绑马尾的时候因为很用力，很容易造成毛囊外露、充血或者枯死，因此绑马尾若要追求紧实度可以借助比较强力的皮筋，发量多选择粗皮筋、发量少选择细皮筋。另外绑马尾也最好常常变换位置，减少同一片头发的拉力。

● 换边分线减轻头发的负担

很多人发现头发愈绑愈少，经常按照固定的方式分边，分线就会越来越大、甚至再也不长头发、看到头皮。绑发一定要常常变换发线和分边，不要一直绑同一区域的头发，减轻头发的负担。

● 睡眠不足时最好别绑紧绷发型

"头背后隐隐作痛，尤其是绑头发的地方！"，"绑马尾的时候，太阳穴头痛不止！"头皮分布着敏感的神经末梢，长时间的拉扯会刺激神经性疼痛。特别是在休息不好、睡眠不足、疲劳、用脑过度的时候，头皮发紧、浅表性的锐痛和刺痛就会特别明显。

正常掉发范围是一天 50 ～ 100 根

头发生长原本就有一个生长与衰老的周期，自然生理性的落发每天都在发生。很多人对掉发的态度相当紧张，实际上正常掉发范围为一天 50 ～ 100 根，在这个范围内属于正常掉发，不需要分外担心。另外，在生理期前后也会因此气血不足，出现比平时较多的掉发现象，生理期过后就会消失，也不需要担心。

Q 头发如何避免起静电纠结?

A：静电噼啪做响，蓬松杂乱、难于梳理的头发一定让你措手不及。除了在洗发护发产品上挑选一些更滋润的产品，我们还有三种方法防止头发静电。

● 方法 1：入手护发喷雾

头发处于干燥状态的时候就是静电造访之时，护发喷雾就能很好地舒缓头发干燥。随着美发产品的细分，护发喷雾是秋冬比较实用的一种产品，喷在干发上虽然不如润发乳能起到明显的滋润效果，却能及时补充水分，消除静电。

● 方法 2：挑选防静电梳

平时不要使用塑料或金属梳子，它们会助长静电的嚣张气焰。相反，天然材料或者橡胶树脂制的梳子（例如木梳、牛角梳）是最理想的用具。目前市面上也有较高端的防静电梳，它们主要是以导电性聚酯为材料，或者设计了能自动放电的金属接地装置，在梳头的时候能够有效吸附静电并且释放出去，常常有静电困扰的人也可以选择它。

● 方法 3：挑选具有阳离子成分的洗护产品

阳离子活性物能使头发表面活性分子定向排列，令头发上电荷减少，电阻降低，增强保护膜的抗静电效果。使用具有阳离子成分的洗护产品，或者做阳离子倒膜，都可以让头发静电乖乖远离。

发型也具有抗静电的效果

静电和干燥息息相关，也和摩擦脱不了关系。在秋冬季节，如果多喜欢披散着头发，发丝之间的摩擦，以及在头发上附着的粉尘污染颗粒，都会让静电更来电！梳马尾或者干脆将头发绑成发辫能大大减少静电的威胁，并且这两种发型都能减少发丝被风吹袭的面积，进一步减少干燥，在外露的头发表面再适当涂抹一些有保湿滋润效果的润发露，就可以有效减少静电的产生。

改变自己！
发型也能微整形

请问：你是否有过以下想法？

A. 我想变身大眼妹　B. 我想让脸变小　C. 我想让自己看起来更性感

D. 我想在夏天留长发却不觉得热　E. 我想让自己变年轻　F.......

回答：其实通过发型的调整，这些问题都能得到一定程度上的改善。不相信？

那就往下看吧，这不是魔术，但接下来的时间确实是见证奇迹的时刻。

超神奇！

身高立增的堆积系发型

稍稍把马尾的位置定得高一些
前置一些
给人的感觉就会大为不同

Side

个子娇小看起来气场会很弱，到哪都没有存在感，发型就可以改善这样的情况！一款经过特别处理的马尾，能用大放异彩的俏皮感弥补身高的不足，还能够修饰你的脸型，随性大胆的发量感让你看起来高挑开朗。

马尾
在头顶偏侧一些的位置上绑一个高马尾，绑皮筋的地方用一束头发绕紧；

上卷
用大号卷发棒给马尾随意地选取发束，任意做出外卷和内卷；

逆梳
用梳子打毛，头发会过于毛躁，用手指稍微逆梳几下，马尾就变蓬松了，这个时候卷度还是完好的；

定型
用手一边调整卷度，一边给马尾喷定型喷雾；

刘海
高马尾一定要搭配神采奕奕的刘海，又扁又塌的刘海破坏整体，用卷发棒稍微卷一下外层，让它们看起来根根发丝都能站起来。

发饰推荐

「YES 发量少、发量稀疏的人。
NO 发质较硬、头发太短的人。」

小知识

头发怎么才能塑造出蓬松感却不显毛燥？

塑造头发的蓬松感，一般是通过打毛逆梳或者使用蓬发产品。带有滋润效果的蓬发产品自然就能抚平毛躁。如果头发不得不打毛逆梳，一定要选择防静电的梳子，打毛后使用不含酒精的定型产品就能防止头发显得毛燥。

Side

Back

超神奇 amazing 平刘海搭配甜美卷度能制造一个集中视线的空

打造前

立竿见影的大眼发型

眼睛在五官中并不是那么突出的女生，总想获得比较明显的大眼效果，那么你一定得学会一款平刘海搭配尾卷的造型。平刘海能把视线集中在眼部，中段直尾段卷的头发能把焦点有效地圈在脸部，只要妆容稍微配合，就能突出你最在意的眼睛。

大眼发型造型 step by step!

给全部头发上基础大卷，从发尾卷上发根，在发根停留的时间要快一些，使发根带有好看的微卷的弧度，又不致于像发尾一样有明显的卷度；

刘海太直会让人觉得沉闷，可以在卷发棒上稍微上一圈，让刘海带有内卷的弧度。

给发卷定刑时要横用干性定刑喷雾，把头发任起来定刑能保持卷度。

找到你最满意的侧面，将全部头发拢至一边，并用小夹子固定好。

在头顶背后斜角方向别上一个你喜欢的发饰，平衡头少刻的分量感。

「YES 长发或者头发比较稀疏的情况。
　NO 中发和头发比较粗硬的发质。」

发饰推荐

小知识

如何利用卷发棒带出刘海的卷度？

刘海太直不仅容易贴面而且超过眉毛会给人内向的感觉，用吹风机塑形容易让刘海干燥起毛，利用卷发棒定型是最适宜的。原则上任何直径的卷发棒都能带出比较自然的弧度，小直径卷发棒可以只在发尾稍微上一点内卷，大直径卷发棒可以在刘海上卷一周，注意停留的时间都不要过长。

超神奇!

不对称的大卷发看上去像是随意拨弄的结果，简单但隆重，在任何场合都绝不失礼。

显露出性感肩颈线条的
心机发型

打造前

性感也许就是换一个方向那么简单！当你要去参加一个临时通知的约会，没有时间细细打造出一款盘发时，将头发制造出浪漫大卷，以偏分造型定型，这时只管秀出你平时保养有加的好皮肤就已经足够性感了。

「YES 额型美观、刘海较长的情况。
NO 额型不美观、发际线上的小碎发非常多的情况。」

心机发型 step by step!

把眼睛定为水平线，将水平线以下的头发全部用卷发棒处理成大卷；

不要逆梳，也不要打毛，用大拇指推动发束，慢慢把刚上卷的卷度揉搓开；

将头发自然地拨向一侧的肩上，当然你必须得先了解自己哪边脸比较好看，让焦点停留在那里

为了保持头发的清爽度，只把定型喷雾喷在发卷上，喷完之后不要再梳通它；

将原本扁塌的刘海抓出一个饱满的形状，建议往后抓，用定型喷雾固定下来；

最好挑选一个有不对称装饰物的发饰，把装饰物正好戴在留白的一侧，点缀空白的侧脸。

小知识

为什么使用定型喷雾只喷在卷度最密集的地方？

一来喷在没有卷度、直发的地方会造成直发粘连，看起来像是头发出油；二是定型喷雾能加强卷度的缠绕力和每个发卷之间的承托力，形状就可以保持得更久。需要注意的是，喷完定型喷雾后就不宜再湿水和使用梳子了，否则会导致头发变脏。

side

Back

超神奇！

头发需要……低……个层次，高层马尾束发、中层鬓角发点缀、低层若小波浪般的头发，会让发量看起来明显增多了。

三阶跳式束发，稀疏发大翻身

每个人都有一点脸型遗憾，尤其是下巴的线条一直是困扰大家的难题。有一定规律感的卷发和直发都会放大下巴线条的缺点，不对称的单边发型就能突破这一难题。给发型找一个别出心裁的侧重点，正好露出你最满意的侧脸单边线条。

YES 发量稀疏、发质细软，绑发容易看到头皮的情况。
NO 发量比较多、发质干枯毛躁者。

三阶跳式束发造型 step by step! ▸

先将全部头发的发尾上内卷，发量会因为卷度的支撑堆积而明显增多，首先第一步应该做这样的处理；

刘海旁边较长一点的鬓角发也要上卷，用卷发棒带出微卷的弧度，这部分的头发在接下来的束发步骤要被单独留出来；

刘海分成上下两层，用大号卷发棒在发尾稍微上一点内卷，把刘海的厚度堆积起来；

把头发成分上下两层，上层略多一点，将上层发用结实的皮筋绑在较高的位置上，拉松绑发的发根，让头顶饱满一些；

最后把发饰别在束发的皮筋位置，一来是遮盖了发筋，二来是让别人看不出绑发位置的发量有多少。

你有可能需要用到的发蜡

Lush 丰盈洗发露
适合：幼细发质
含海盐、柠檬汁、锯齿岩藻片等成分，可令发质丰盛并增强发丝的弹力，增加头发的亮度。

KERASTASE 卡诗丰盈活力洗发水
适合：发丝细软并因为烫染受过损伤的发质
活力胶结物从发根到发稍，补充秀发流失天然胶质，丰盈聚合物，增加发丝间间距，达到使头发丰盈的目的。

The Body Shop 瓜拉纳丰盈洗发露
适合：扁塌幼细发质
采用水解小麦及大豆蛋白等特别配方，并蕴含瓜拉纳精华，能创造更丰盈的秀发。

Ojon 细款少发防脱洗发水
适合：细软发质及头发稀少、脱发的情况
修复头发损伤，特别能修护因烫发染发造成的头发脱落、发质变差等后天染发烫发造成的问题。

JASON Thin-to-thick 头发稀疏变浓密IP发喷雾
适合：有脱发现象的稀疏发质
不含矿物油、矿脂、干燥酒精，通过恢复及平衡头皮的正常功能，增加对毛囊的营养提供，达到增加发量的目的。

小知识

编发时怎样处理岔出来的碎发和细毛？

头发太多碎发细毛，或者发质本身比较干燥粗硬的话，编出来的发辫都不可能光滑饱满，岔出来的头发也会影响发辫的质感，这时候你需要一款能有效抚平毛燥的发蜡。编发的同时一边将发蜡抹在手指上，一边抚平碎发一边粘合发辫，有了发蜡的帮助编出来的发辫不仅仅会更有光泽，毛燥岔发也会减少。

打造前

Side

Back

超神奇！
清凉束发，
夏天再热也能留长发

前面还是动人的长发造型，
背后却能营造出一片清凉。

闷热的夏天还要蓄长发，的确成为很多女生的困扰，千篇一律的马尾让人厌倦，还有什么发型更适合炎热的夏天？实际上，利用一根简单的发箍或者发带，把头后的头发收卷上来就可以让清凉的空气自由进入了，蓄长发一样无惧炎热。

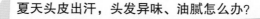

「YES 适合发量多、怕热但需要蓄发的人。
NO 绑发就显得发量少的人。」

清凉束发造型 step by step!

1

2

让发箍看起来多一点。
上卷，卷度可以稍微高一些，
马尾，头向调高，让(其)美观
上半部分用皮筋扎一个半头
将预备留在后面的侧发全部
背后的头发分成上下两部分，

3

4

定成花的形状。
皮筋上把它隐藏起来。
用手稍微打结，用小夹子固
马尾束发起初是比较紧头的，
选一束比较长的头发，绕往

5

6

海根据藏。
蓬松又清爽。
或者发箍掩饰一下，沿着刘
在露出头皮的地方戴上发带
喷发胶，尽量让它们看上去
打散留在前侧头发的卷度，

7

卷度立即变得3倍放大。
变得非常明显了，稍微处
卷度往上抽摇，卷度立刻就会
「只手握住发根，另一只手将
理一下，卷度立即变得3倍放大。

你有可能需要用到的头发净味香水等产品

爱丽小屋 Etude House 头发用蜜桃香水喷雾
甜美可爱的蜜桃气息，温和无刺激的配方可以用来喷在有异味的头发上，消除各种异味尴尬。

发歌 farger AKCC 去异臭头发清香特品香水
能清洁头发表面污垢、净化头发皮质层，补充发质内层所需营养，修护头发受损，远离异臭，清香怡人。

TIGI 精纯凝露
质纯温和的天然配方，不需冲水，能帮助你的秀发远离环境、化学的伤害，并使头发带有令人产生好感的香味。

iPure 玫瑰护发香喷雾
含保加利亚玫瑰馥郁的香气以及护肤级的保湿成分玻尿酸，帮助头发告别毛燥分叉，让头发散发持续的清香。

多芬 Dove 头发专用止汗喷雾
具有香水、止汗香氛、舒适香氛的三重功效，多种有效成分可以让头发保持数小时的干爽、舒适，不含酒精成分。

小知识

夏天头皮出汗，头发异味、油腻怎么办？

除了勤快点做头发清洁，还有两点需要注意：一是不要让头发的造型品在头发上停留超过一天，否则会加重头发异味和油腻；二是减少含酒精成分的造型品，因为酒精在烈日下和高温下非常容易引起头发异味。

Side

back

尤其是在化妆的时候，
将修饰过的五官露出来会显得落落大方。

超神奇

使五官更显得开朗的
散开系发型

刘海和鬓角发都能修饰五官，但是却遮挡了原本开朗的表情，影响了人气。当你对自己的面孔有信心的时候，应该大胆地露出脸庞，张扬立体的五官。

「YES 适合五官立体、脸小的面孔；
NO 素颜、浮肿的脸部及精神较差的时候。」

敞开系发型 step by step! ♥

1

束发会让发量显少，打算束发到比较高的位置时，一定要先给头发制造基础大卷，丰盈发量；

2

将刘海这一区的头发向后梳、拧转成好看的花纹，用小夹子固定好；

3

将全头头发像龙卷风的形状向上拧转，注意要拧紧，防止头发松塌；

4

用比较有力的夹子固定好，注意和 Step2 固定好的刘海覆盖在一起，发尾向额头的方向翻；

5

用手整理发丝，把它们整理成像喷泉一样外翻的样子，再用定型喷雾来固定。

你有可能需要用到的烫发护卷产品

花王 CAPE 空气蓬松定型喷雾（微香）
硬度：◆◆◆◇◇适中
快干度：◆◆◆◆◆

花王 Cape 造型记忆定型喷雾（无香）
硬度：◆◆◆◇◇适中
快干度：◆◆◆◆◆快

WELLA 威娜倍欧恒卷护发喷雾
硬度：◆◇◇◇◇弱
快干度：◆◆◆◇◇一般

TIGI 太空喷雾
硬度：◆◆◆◆◇强
快干度：◆◆◆◆◆快

Kiehl's 契尔氏秀发蓬松喷雾
硬度：◆◆◇◇◇弱
快干度：◆◆◆◇◇一般

小知识

为什么要在束发时做基础卷度?

用卷发棒做出基础大卷，不仅仅可以让发量看上去多一些，更方便的是，有了卷度的发丝摩擦力变强了，不管是用发圈还是小夹子，都会容易固定些。尤其是当你使用发饰的时候，钢夹容易在直发上滑动，这时如果先把头发微微卷一卷，发饰就会牢牢固定住了。

超神奇！
利用发型
达到塑造V形小脸的效果

Side

Back

有波纹的中短发让人显得朝气外向，
脸侧掩映的卷度又能修饰下颌骨的线条。

利用鬓角发来修饰圆圆的苹果脸？现在这个做法已经 OUT ！中短发的大肆流行其实就能很好地说明这一点：长度刚刚到耳垂的头发更能让下巴尖细，突出 V 形小脸。如果你是长发也没有关系，利用收短的技巧一样可以达到中短发瘦脸的效果。

V 形小脸造型 step by step! ▸

一次抓取比较多的发量，用卷发棒上卷，靠近脸两边的头发要做成外翻卷，才能起到瘦脸的作用；

用手抓一点发蜡，将卷度慢慢揉开打散，尤其是头发的中短要整理得稍微蓬松一些，收短的时候这个部分就是重点；

将发尾稍微拧转一下或者用小皮筋固定好，隐藏在耳朵的侧后方；

用手护好卷度，喷上定型喷雾，再稍微抓松，让它的体积感变得稍微大一些；

最后将刘海的表层发轻轻抓起，喷喷雾，这款能塑造 V 形小脸的发型就完成了。

YES 头发总体长度较长，脸两侧的层次相对修剪得比较短的发型。

NO 发量稀少且没有层次的情况。

小知识

如何在不动刀改变脸型的前提下达到小脸目的？

不要一味地把头发往脸中间堆，这样会让你看起来内向阴郁。可以把头发收短，或者将鬓角发的长度留得稍微长一些，接下来的关键点是根据发色挑选一款阴影粉，当你把头发披散下来的时候可以用它，由于颜色相近、衔接起来就会产生能瘦脸的阴影效果。

超神奇! amazing!

这样打理头发居然年轻5岁

卷度有大卷小卷互相结合，打乱卷度的时候肆意一些才让人看起来格外年轻。

打造前

要使得年龄看上去小，头发的蓬度和体积感非常重要。头发越清爽越蓬松，体积感越强，越是彰显年轻。如果你喜欢卷发，一定要把卷度弄得稍微随意一些，甚至用卷发棒的时候不求循规蹈矩，乱中有序、不拘泥上卷的时候一定要同一个方向才是王道。

YES 长发且层次较多、染发或者挑染过的头发。

NO 头发在修剪的时候无层次且发色纯黑的头发。

年轻 5 岁造型 step by step! ▶

使用直径在 22mm 左右的卷发棒塑造卷度，注意不要使用直径过大的发卷，避免卷度不明显

将刘海分成 3cm 左右的小片区，分片进行上卷，上内卷但在发卷离开时需要稍微带出向左或向右的弧度，以形成恰到好处的交错感；

将头巾从头后侧的发根处开始，越过耳后在头顶刘海的根部打结，注意摸索出自己的头型最容易将头巾系稳的位置；

给刘海使用干性定型喷雾锁定卷度，喷的时候使用点喷式的喷法，用手指提高刘海的头发，使其呈现饱满的空气感；

定型后轻轻挑开成缕的刘海，使它不粘连、不打缕，保持丝丝分明；

最后用手拉起卷度，在头发靠近发尾的 1/3 处喷上少量的干性定型喷雾，使头发在不增加重量的基础上得到定型。

小知识

如何用方巾 / 头巾折出漂亮的蝴蝶结发饰？

1. 将方巾对半折叠，变成一个三角形；
2. 继续把三角形的上沿不断叠小，变成细长的长条；
3. 两只手的食指将两端撑出一个蝴蝶结的两角，用拇指握住长条；
4. 顺势交叉、打结、拉紧，蝴蝶结基本的形状就产生了；
5. 打好结后，确定不会松动时就可以拉出刚开始折叠进去的布料，让蝴蝶结变得饱满一些，调整一下就完成了。这时我们可以用小夹子夹稳或者将头箍穿入直接戴上，搭配发型起到装饰作用了。

打造前

side

超神奇! amazing

侧面饱满的头型让人看起来洋气十足。

侧面造型让你的头形更饱满

头型扁塌几乎是所有东方女孩的问题，如果头发服帖将会更加曝露这个缺点。侧重将头背后区域的头发拉蓬，将发型的重量感堆积在侧面，就能很好地修饰扁塌的头型，即使不做什么复杂的发型，侧面依旧活泼俏丽。

「YES 发量比较多，头型扁的人。
NO 发量稀少且没有层次的情况。

侧面造型 step by step! ♥

从头发1/2处开始上大卷，注意停留的时间要长一些，使卷度在打散之后也能保持明显的弧度。

将后侧的头发分为上下层，上层略蓬，下层略厚，下层扎成马尾固定在耳边的一侧，作为基座使头型扁的地方隆起来。

将上层的头发覆盖上基座，稍微拧转一下和下层的马尾缠绕在一起，并用小夹子固定好。

拉松头后侧的头发，对着镜子调整，让它看起来更饱满一些。

最后调整马尾的蓬松度，在体积上能和头后的蓬发相配衬。

你有可能需要用到的烫发护卷产品

施华蔻 Dust It 感官红尘（蓬蓬粉）
适用发质：所有发质
使用方法：撒适量粉末在掌心并稍微揉合，然后均匀地用在干湿发上抓出雾面的造型，也可以直接抹在发根创造出蓬松的发量感。

曼波蓬蓬水
适用发质：所有发质
使用方法：将蓬蓬水喷在湿发上，再用吹风机配合手指搓头发直至吹干。如果是干发，要用指腹揉松发根，再将少量蓬蓬水喷在头发上定型。不能直接喷在头皮。

伦士度 LUCIDO-L 蓬松空气感造型喷雾
适用发质：细软及干燥的发质
使用方法：离开头发 5 ~ 10cm 距离喷洒在头发发根部分，并用手按摩头发，完成蓬松造型。也可以先喷于手掌，再均匀按摩于头发上。

TIGI BED HEAD 蓬发液
适用发质：卷发或者细软无支撑力的发质
使用方法：取适量的蓬发液于手掌中均匀搓揉后涂抹于干、湿的头发上，再用吹风机吹干做造型即可。

侧伴朵空气感蓬松粉
适用发质：头皮出油或者细软难造型的发质
使用方法：洒适量粉末于掌心，轻轻揉开。将手插入想要塑造空气感的部位，抓握出蓬松感即可。

小知识

为什么蓬发是一个实用技巧？

如果发质偏柔弱纤细、维持定型力差或者头皮较油，我们在绑马尾或者做其他发型时，第一步应该是先蓬发。蓬发就是利用蓬发粉、蓬发液等造型产品，先对头发做预处理，等待头发变蓬松时再进行下一步造型。使用蓬发产品之后，不仅发根可以站起来，发量变多了，可选择的发型也会增多，而且发根仍然是保持清洁不油腻的。

Side

Back

超神奇！ amazing
刘海也上卷，居然更俏皮了

刘海上卷了不仅能增加刘海的层次感，
更多了一些俏皮随意的味道。

为了让发型清爽利落，大多数的女孩子都习惯了清汤挂面的直刘海，但这样有时候会显得死板严肃。其实稍微给刘海上一点点卷度，哪怕是利用卷发棒的一点余温，都会给你的整体造型带来一点俏皮的改变。

刘海上卷造型 step by step! ▶

1 为了能呼应刘海的卷度，尽量把头发的卷度控制得稍微夸张一些，停留的时间加长，让弧度更明显；

背后的头发也要完美卷度，卷的时候连同卷发棒一起拉高，卷度才能Q弹有活力；

给卷发定型要掌握好喷发胶的距离，太近会让发胶雾化不彻底，拉远一些喷才好；

给刘海上卷时一定要选择直径稍微大一些的卷发棒，卷度不宜过细，把刘海提高来上卷；

用手提高刘海的发根，拨弄几下，让它们随意地堆叠在一起再喷上定型发胶。

你有可能需要用到的烫发护卷产品

· 契尔氏 Kiehl's 卷发定型喷雾
用途：卷发定型造型
含有芝麻和大豆的提取物，增强各种卷度包括大小波浪卷的柔软性，效果持久，产品不油腻并能使头发带有健康的光泽。

· 一伦士度 lucido-l 柔润护卷弹力素
用途：头发半干时使用，维持卷度
含两种保湿滋润弹力素成分，水解大豆蛋白集中修复，抚平翘起的毛鳞片，使卷发柔顺不易打结，并防止热吹风的伤害。

· 韩伊 Olive 橄榄动感卷发造型发蜡
用途：卷发的定型造型
使用于干发上，直接抓涂在发丝上、进行造型。含天然植物护发精华，加以纤维配方，提供柔软的卷度及自然外观不油腻，让卷发具有动感，健康亮丽。

· TIGI 曲线主义 Curls Rock 护卷素
用途：日常卷发 出门时使用
乳状造型品提供卷发及波浪发超Q质感、丰盈感及亮泽感，并改善毛燥现象，含有抗热因子可使头发远离热伤害。

· Aveda Be Curly Conditioner 卷曲护发素
用途：日常卷发 维持卷度
含有芝麻和大豆的提取物，增强各种卷度包括大小波浪卷的柔软性，效果持久，产品不油腻并能使头发带有健康的光泽。

小知识

刚烫好的头发，如何延长烫发保鲜期？

吹发前，一定要保证头发经洗发水冲洗干净，否则在脏头发上直接喷水吹造型会使头发更容易受损，卷发会很快就变直。第二点是，卷发吹干最好不要用梳子，用手指才能很好地保持卷度。用手指绕紧的方式整理发束，注意内卷或外卷要按照头发本身的卷向。头发干后再喷具有护卷作用的养发水，卷度就固定下来了。

露出耳朵，脸也跟着变小了

露出额头不仅看起来干净利落，更带有一丝小女孩才有的洒脱和明媚。

Side

Back

打造前

很多人在做发型的时候，都刻意要把额头用刘海来遮盖掉。实际上如果额型并不是那么缺憾，露出额头能起到调整脸部比例的作用，再加上蓬松的卷发，脸部立刻缩小 1/3。结果证明，露出额头的发型让人看上去也显得个性明朗一些。

发饰推荐

「YES 额型美观、刘海较长的情况。
NO 额型不美观、发际线上的小碎发非常多的情况。」

露出耳朵造型 step by step! ▶

把头发分为上下两区，上区可以先用鹤嘴夹先夹好；

用能制造出蛋卷头的三棒卷发棒，从发尾开始上卷，注意要完全把发尾夹出形状，不要留下直的发尾；

如果想头发蓬一些，一定要用卷发棒停留更久一些的时间；

夹侧面的头发时，要把头发稍微提起来，才能让头发的卷度更立体蓬松一些；

头顶的头发尤其不能显得又扁又塌，也要稍微提起来上卷；

戴上喜欢的发饰，最后稍微在发箍前拉出一点点头发，塑造一点高度，这样就不会太显得严肃死板了。

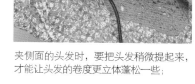

小知识

什么样的额型适合露额发型？

一般来说发际线离眉线越远就越不适合露出额头，但如果是方型或者额线不规律的额头，可以通过留出一点细发、碎发来修饰。如果你发现自己的额型不够完全，除了留足够长的刘海，额线上的一些绒毛、短头发也能起到不小的修饰作用，不要随便剃去这些小绒毛和鬓角发，它们在你想露出额头的时候会起到非常大的修饰作用。

超神奇!
Amazing!
单边垂... ...下巴线条
把发型的重点定在你最满意的一边侧脸，显露出紧致的下巴线条。

Side   *Ba*

每个人都有一点脸型遗憾，尤其是下巴的线条一直是困扰大家的难题。有一定规律感的卷发和直发都会放大下巴线条的缺点，不对称的单边发型就能突破这一难题。给发型找一个别出心裁的侧重点，正好露出你最满意的侧脸单边线条。

「YES 发量比较稀少的情况。
NO 长度超长、没有修剪层次的长发。」

单边堆叠发型造型 step by step! ▸

抓取头顶部分的头发往一侧的耳朵编三股编发，一边编发一边加股，把全部头发都编进发辫里；

发辫编好后，把颈部背后最后的一点碎发稍微拧转再缠绕到发辫上，用小夹子固定好；

将发辫垂下来的发尾向上弯，用小夹子别在发辫上，做出空心发髻；

调整发辫的每一股头发，轻轻拉长，让它尽量饱满立体一些；

在发髻上别上长发夹，一来能起到固定作用，二来能装点发量，让发髻变得更有看头。

你有可能需要用到的发蜡

DHC 丝光空感发蜡
定型力：★★★☆☆中等自然
质感柔软，能呈现出蓬松、空气感、不粘腻、光滑柔顺的质感，湿水后还能自如地再次定型。

小知识
编发时怎样处理岔出来的碎发和细毛？

头发太多碎发细毛，或者发质本身比较干燥粗硬的话，编出来的发辫都不可能光滑饱满，岔出来的头发也会影响发辫的质感，这时候你需要一款能有效抚平毛躁的发蜡。编发的同时一边将发蜡抹在手指上，一边抚平碎发一边粘合发辫，有了发蜡的帮助编出来的发辫不仅仅会更有光泽，毛躁岔发也会减少。

SchWarzkopf 施华蔻 Got2b playful 随型哑光发蜡
定型力：★★★☆☆一般硬度
适合干发、湿发、短发和长发，能随意造型出平贴、滑顺、凌乱、翘发的造型，使发质哑光不泛油光。

SchWarzkopf 施华蔻 OSIS 发蜡
定型力：★★★★☆偏强
含竹子提取物，塑造凌乱或明确线条的造型发蜡，适合短发，不油腻，易清洗。

SKIN FOOD 芒果柔顺造型发蜡
定型力：★★☆☆☆中等自然
富含新鲜的芒果提取物，有效保护受损发质，并含有麦芽糖和角鲨烷成分，完成自然的发型，感觉轻盈的霜状发蜡。

The Body Shop 蜂蜜定型发蜡
定型力：★★★☆☆一般硬度
含有机蜂蜡，有效滋润及修护秀发，形成保护膜将水分锁紧，这款发蜡还能长时间固定短发造型、保持形状。

side

Back

超神奇! amazing!

不用上卷就可以做出蓬松花团头

虽是直发打造的花团头，但是细节仍然细致考究，发量多的人都可以这样尝试。

一般要达成花团头的蓬松效果，都需要将头发卷烫出一定的卷度，时间所剩不多的时候，能不能快速打造直发花团头？答案是"可以的"！借助撕发的技巧，花团一样可以绽放。

发饰推荐

「YES 发量多，头发几乎没有层次、发尾较整齐的情况。
NO 发量少，碎发多的人。」

侧面造型 step by step! ▶

在花团的下沿选一处你最喜欢的地方，戴上发饰就可以了，也可以戴在你认为比较空洞的地方。

把环形发圈往各个方向向撕开，小心别把头发完全扯出来，花团的形状就越变越大了；

用手指粘一点点发蜡，将刘海一层层搓出厚度。

不要把马尾的发尾拉出来，用皮筋固定好，形成一个环形发圈；

用小夹子从各个方向固定好撕开的发束，尽力让花团的形状均匀、饱满、有型；

确定花团头的位置在哪，并在那里梳一个马尾，用较结实的皮筋固定好，

你有可能需要用到的蓬松效果洗发护发产品

MA CHERIE 玛宣妮粉红香槟润发乳
适合：受损稀疏发质
香槟蜂蜜的精华可以深入受损发芯，添加空气感轻盈配方，能使头发显得格外蓬松飘逸。

Kadus 肯达是蓬松能量洗发精
适合：超纤细发质
又软又细的头发可以变得蓬松好梳理，不需要任何造型产品，就能使发量明显增多，而且带有健康光泽感。

小知识

如何让直发显得发量稍微多一些?

如果头发不是特别干燥的话，可以使用专门洗出蓬松发质的洗发水或润发乳，使用少量的护发素即可，可以减轻发丝的垂坠感，密度显得疏松一些。另外在吹头发的时候，注重吹干发根上的水分，也能让直发显得发量稍微多一些。

Aromas 艾玛丝草本维它命蓬松洗发精
适合：任何发质
泡沫多且细密的洗发水可以将每根发丝去油，从发根开始强壮支撑力，由内养外打造健康粗壮的发丝。

Q 发量不足很难造型，
怎么让头发变多变密？

A：发量比较稀少的人，在做造型的时候局限性很大。除了事先使用蓬蓬发等打底产品，也有其他方法能帮助发量稀少的人做出蓬松饱满的发型。

方法 1：在修剪的时候就剪出多层次

发量稀少再加上比较少的层次，发量会更显单薄。在修剪的时候，告诉你的发型师要利用层次修剪撑起头底的蓬度，若是可以的话，再把发色染为轻盈、充满空气感的棕色系，层次具备了，再加上发色变浅，就能获得比较好的蓬发效果了。

方法 2：头发变多变浓密，发根发尾两头都要顾

要让头发变得浓密一些、看起来多，发根和发尾的平衡很重要。发根蓬松头顶才不扁塌，发尾则要够厚才性感，这些都要在洗完头的时候就必须做到。用吹风机吹干发根时一定要彻底，少用梳子，而是用手去拨松发根；发卷要够厚就必须利用卷发棒，稍微做出一点内卷，发量就有很大的改变。

方法 3：选择适合自己的头发长度

发质比较差的人，由于营养往往到达不了发尾，会使得头发看起来特别稀疏。因此发质差的人不应该留过长的头发，并且要经常观察发丝是从哪里开始变得脆弱、纤细的，确定一个水平位置，你留的发型长度不应该超过这条线。

利用手法让头发变多，不要太依赖蓬发产品

逆梳、打毛虽然对头发产生物理伤害，但是相对使用蓬发定型产品，这样的伤害显然是小了很多。逆梳打毛过的头发只要进行水洗梳顺和产品滋润，就不会产生更严重的损伤问题。另外，如果逆梳打毛后你还需要喷一点定型产品的话，建议是逆梳打毛内层的头发，将外层头发覆盖后再喷定型产品，这样定型产品就不会直接接触被刮伤的毛鳞片，减少对毛鳞片的伤害。

Q 电卷棒对染过的头发有没有影响?

A: 水，是刚染过颜色的头发的大敌，热伤害也是一样。电卷棒的高温会使刚染过的头发出现不同程度的掉色，当然掉色程度也和你操作的方法和温度有关。

● 电卷棒对漂过色再染色的头发伤害最大

漂过色的头发失去了大部分头发中的黑色素，发芯空洞增大，毛鳞片张开，如果这时每日都有频繁的高温伤害，发质就会面临比较大的损伤。漂过色再染色的头发是不建议再使用电卷棒的，改用筒梳和吹风机造型，吹风机与头部的距离超过20厘米的时候，温度一般也只有50℃~60℃，对头发来说伤害相对较小。

● 染发颜色越深越怕卷发棒高温

无论染了什么颜色，在头几天，你会发现头发越洗颜色越浅。颜色越深的着色剂它的色素粒子体积越大，留存在皮质层中的数量越少，只要稍微接触到一点高温，大色素粒子就会纷纷逃离皮质层，造成褪色。如果你染的颜色比较深，最好用一些特别的护色护发产品，以阻挡高温逼走色素。

● 染过颜色的头发要完全吹干才能造型

马不停蹄地洗发、吹干、定型对头发来说就是一连串的伤害。毛鳞片在碱性洗发水中被迫打开，高温吹干时毛鳞片更是翻翘、凌乱，接下来如果马上使用电卷棒会直接导致毛鳞片断裂、脱落。这里要建议大家吹干头发后一定要让头发冷却下来，10分钟后再重新给头发使用高温的定型工具。

染后一周都不宜进行热造型

染后一周是色素不稳定期，这时候连水洗也要尽量避免。一周后，等头发毛鳞片得到休息，减少洗头的次数，使发芯的油脂水分恢复平衡后，色素较稳定些了，再进行热造型。用电卷棒的时候也尽量把温度设在100℃左右，等洗头不再脱色时再适当地把温度调高。

Chapter 5

十全十美！
女人都需要学会的
场合发型

判断题.

（　　）出席所有场合，都以一束马尾示人

（　）针对每个场合设计相符的发型，会为你的魅力值狂加分

（　）每次出席重要场合，都要在美发店花掉不菲的费用

（　）按图索骥，自己也能打造媲美专业发型师的场合发型

逛街发型 Point!

高高绑起的头发让你看起
来神清气爽，鬓角一点点
垂发更显得气色明亮。

适合长度	长发、及肩中发
所需时间	10分钟

去哪里？ 聚会
看似轻松休闲的别致马尾

聚会的轻松时刻，对发型不需要太多的修饰和刻意，简单的马尾就足够了，但是用一点点小
技巧和点缀就会立刻让你变成大家的偶像，引来大家的赞美。

1 将马尾扎至高位的侧边，正好能凸现自己最美丽的 45 度侧脸的位置；

使用卷发棒给所有的头发上卷，内外卷参差上卷，拨松后可以看到马尾发量增加了并充满空气感；

轻轻拉高额顶上这部分的头发，使头发饱满有型并让额头看起来更高的清爽效果；

4 将蝴蝶结发饰别在马尾的根部，将蝴蝶结的正面打斜朝前，不要把蝴蝶结放得过平，否则朝气感会减半；

5 用黑色小夹子收夹马尾散落的发尾，使垂下来的马尾形状保持为饱满好看的"？"问号形，把过长的发尾都收夹回去；

6 使用干性定型喷雾，一手护好卷度，在距离 25cm 的位置上给马尾定型。

发饰的选择

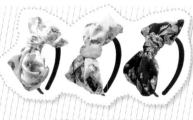

当你漂亮去餐厅时，带有一点点华丽感的头饰更适合优雅轻松的下午茶时光。

头箍上的印花蝴蝶结用色大胆，浓墨般的彩色让你人气飙升。

混合着黑色的蝴蝶结能让黑发看起来不平凡，亮色又发挥了提亮的效果。

以网纱和蕾丝做出丰富层次的发圈打造出公主般的华贵感。

Tips: 在不洗头的前提下，怎么去掉绑马尾留下的印子？

用温热不滴水的毛巾像擦干头发那样揉搓留下印子的地方，头发干透后印子就会减轻或者完全消失。另外还可以使用卷发棒，将印子反方向卷烫就可以使印子消失。建议经常绑马尾的人要使用不会留下痕迹的无痕发圈。

Back

去哪里？ 逛街

超清爽活力柔外翻卷发

逛街的时候绝不能邋邋遢遢，直发缺少休闲气息，洋气的外翻卷发就是你最好的试衣发型，
发卷的弧度更大一些，令背影看起来都更有味道。

逛街倒计时整发 Step

1 先将刘海部分向后梳，拧转一下发梢，用小夹子固定在头顶的背面，露出额头；

2 将头发分成左右两部分，均卷烫成外翻卷，注意每部分头发不适合分得太少，卷得越多外卷更大气；

3 外层比较短的头发也要卷烫成外翻卷，制造向后飞扬的感觉；

4 卷烫完之后，用手指轻轻拨松发根，这时卷度就会完全打开了，变得蓬松丰盈；

5 戴上松紧发带，并卡在step1收夹刘海的位置上，把发夹遮挡起来，前后拉松一点头发，避免把头发压得太扁；

6 用不增加头发重量的清爽发蜡，调整一下发卷的松散度，使它们的卷度完全展开就完成了。

发饰的选择

▶波西米亚风格的布带发带是个性游牧女的首选，适合染发，给人无限惊艳的感觉。

▶钉满珠扣的中性风发带是凌乱发型的法宝，再不经打理的头发戴上它都会变得时髦起来。

▶宽面的蕾丝发带能给人带来清爽简洁的名媛印象，比较适合长卷波浪发。

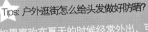

Tips: 户外逛街怎么给头发做好防晒?

如果喜欢在夏天的时候经常外出，可以选择头发专用的防晒品。我们可以挑选带有KPF（角蛋白保护指标）和SPF指数的护发产品。SPF指的是对头皮层的保护，KPF则是针对头发的防护指数，不管天气多热，用几滴这种产品就可以把头发自有的天然水分锁住，就能很好保护夏日的秀发。

▶最简单不过的发辫发带低调中也能烘托格调，长发短发都适合，佩戴也非常随意。

去哪里？ 约会

和男友约会的时候最怕头发凌乱和扁塌，
在头顶上编发就能一举两得消除这些问题。
一半编发和一半披发的组合也能让你不失俏丽又很亲切休闲，
只要做出头发的厚重感，就可以绽放女人的柔美感。

一见倾心电力顶编半盘发

Side

Back

造型发型Point

保持头发的清爽感很重要，
披散着的部分尽量不要用粘
性比较高的发蜡等造型产品。

适合长度	中发、短发
所需时间	15分钟

1

先用大号卷发棒给头发的末端上一点卷度，增加发尾部分的蓬松感和立体感；

2

用手把卷度慢慢搓开，不要用梳子，发量就会立即变大两倍；

3

在头顶选一束头发，发量适中，用手梳高，以此为三股辫的开端；

4

往一侧耳边编简单的三股辫，在刘海下沿的位置就可以结束了；

5

在结尾夹上长条形发夹，防止辫子散落，再用手指轻轻把辫子拉松，造型就完成了。

发饰的选择

♥金属丝花形造型在方形发夹上展现文艺气息，即使是黑发也能绽放出细节上的奢华色调。

♥透露出小女人华丽气质的绒布发夹，以小坠饰突出精致亮点，有了它发型再简单也不会显得随意。

♥仿皮革质地的糖果色蝴蝶结发夹小巧可爱，突显的是个性俏皮的气质。

♥柔软的网纱质地为发型营造细腻感，是精致小女人的首选。

Tips: 约会之前头发被风吹乱梳理不开怎么办?

不要心急火燎地赶去洗手间把头发打湿，这样做会让你更加狼狈。使用了定型产品的头发是极难梳理的，最好的做法是在手指上沾点水，慢慢地将头发理开，如果你所处的位置是高级场所，可以问服务员要张湿毛巾，把头发弄湿，纠缠的发丝就可以迅速分开。当然，最好的方法是携带小瓶装的定型喷雾，提前到达约会场合再给头发定型吧。

去哪里？ 海边

慵懒美人的不造作轻松盘发

海边发型 Point!

不用全头上卷，稍微处理
一下发尾再搭配发饰就能
给人美丽好女孩的印象。

适合长度	长发、中发
所需时间	10分钟

到海边去玩，发型在海风面前完全没有招架之力，
所以方便清爽的盘发应该是最最实用的。
一条简单的、能和花裙相配的发带，轻盈地一束，
既呈现出清新感也让人倍感轻松，
度假的心情也变得明朗起来。

Side

Back

1 用直径比较小的卷发棒给头发上卷，注意停留时间稍微久一些，让弧度比较明显；

2 将刘海翻向后，用一点点发蜡将刘海收夹到头顶；

3 两鬓的头发也要往后收，用夹子夹好，让耳边保持清爽；

4 将全部头发翻到头顶后侧，用强力大夹子固定好，随意一些整理成盘发；

5 取一根发带，将头部背面、侧面的头发拉紧并绑好；

6 在自己喜欢的地方打上蝴蝶结，并把少量头发拉到发带前，卷Q的效果就完成了。

发饰的选择

▼蕾丝发带略带一点淑女和复古气质，不张扬的感觉容易被人入对眼。

▼清爽的海军风条纹最适合户外配戴，会让人眼前一亮，适合各种颜色清爽的衣服。

★Tips 到海边游泳，如何洗掉头发上的盐分，对抗打结毛躁现象？

海水中含有大量的盐分、矿物质，海水蒸腾后，这些可沉淀颗粒就会在头发之间相互"打磨"，继而出现打结毛躁的现象。上岸后第一步应该在不使用洗发水的前提下冲水，用手拨动头发，防止颗粒残留在头发中；第二是应该使用酸性或者中性洗发水中和海水的碱性成分，避免头发受损和脱落。

▼特别一点的豹纹和波点带来浓浓复古风，适合率性的女性搭配简单的衣服。

▼复古的格纹是学院派的代表，让人从感觉轻松亲近。

去哪里？ 运动

运动的时候只能绑最普通的马尾？如此平淡无奇，连自己也没有办法坚持运动的恒心。不妨采用加固的发髻束发，加上随意散落的碎发彰显可爱，还可以百无禁忌地搭配上自己喜欢的运动发带。

迅速打造能肆意流汗的动感束发

Side

Back

运动发型 Point!
尽量不要使用太多的定型产品，发型在运动后会有一定程度的凌乱反而更纠结结更糟糕。

适合长度	中发、长发
所需时间	6分钟

运动倒计时整发 Step

2 用手摸一下后脑勺，确定一个比较凹的位置，绑基础马尾，注意准备将发圈扎紧时不要把发尾完全拉出来，形成一个发髻；

1 先用卷发棒做出基础卷度，每束头发只上1~2圈，这样能做能确保弧度自然；

3 调整发髻的形状，让它饱满一些，并且用小夹子固定起来，与头部紧贴。

4 整理刘海，把影响运动的鬓角发用夹子固定在发髻周边；

5 在脖子周围留出一点随意放下来的碎发，修饰脸型也显得更活泼一点；

6 戴上你喜欢的运动发带，这样刘海和一些碎发就不会粘到脸上了。

发饰的选择

♥绒线发带吸汗且弹性好，固定刘海和鬓角头发的效果也很棒，往下拉还能修饰额头，适合额型不太好看的人。

♥蕾丝发带较适合静态运动，例如瑜伽，更雅致的细节便于你搭配自己喜欢的素色运动装。

♥颜色鲜艳的发带适合阳光明媚的户外运动，超大的尺寸即使让头发被汗水浸湿了，也不会显得尴尬。

♥松紧带系着的蝴蝶结发带装饰效果一流，可以把蝴蝶结移到背面，运动转身之间活力四射。

☆Tips 运动过后怎么清洗头发？

被汗水浸湿的头发如果清洁不彻底，容易干痒也容易招惹头皮真菌，加重头皮屑，尤其是在夏天，更要注重运动后的头发清洁。首先运动后不要马上洗头，最少要隔上1个小时。洗头发不宜使用贪图畅快的清凉型，这会使运动后打开的头皮毛孔迅速收缩，导致感冒。每天都要运动出汗的人可以挑选运动专用洗发水，例如Kiehl's 契尔氏全方位运动每天洗发水，适合经常需要洗发的人，以温和泡沫避免常常洗头带来的干燥现象。

101

去哪里？ 度假

藤编遮阳帽搭配清凉四股辫

度假发型 Point!

为了搭配各种遮阳帽，要把
发型的重心放在下面，不
要做堆叠太高的发型，那
种发型不容易打理和保持。

适合长度	中发、长发
所需时间	20分钟

Side

Back

到有情调的场合和姐妹喝下午茶，不妨做出惬意一些的打扮。
尽量盘起头发，露出清新畅快的颈间，不喷胶不使用任何定型产品，
让全身心都陶醉到下午茶这个全身放松的时段。

下午茶倒计时整发 Step

1 从头顶开始选择三束头发，一开始先编三股辫，再慢慢加进第四股头发；

沿着脸的外轮廓编发，不断地从头的背面和另一侧抓拉头发加进发辫里；

发尾也要完全地编进去，即使发尾比较少，可以编得松一下保持发辫粗细是均匀的。

编到下面时，尽量地保持发辫的正面朝前，让发辫的纹路在正前方；

用皮筋扎好，并选择一小段发束绕在皮筋上尽量地将它隐藏起来。

帽子的选择

巴拿马平顶草帽搭配女孩风的碎花系带，会让你当忙不让地成为街头主角。

朴素纯美的草编大檐帽搭配浪漫的发辫有特别的热带风情。

帽檐上的蕾丝蝴蝶结是小巧思，为轻便为主的旅游着装提气加分。

★ Tips

头发晒伤最大的损失是水分，因此旅行的时候最应该携带的是能迅速补充水分的洗护产品。当晚洗头的时候不要一下子就把水温调高，而是从温水开始渐热，让毛鳞片适应热水的温度，做好基本清洁后，最好使用免洗润发乳，在枕头上铺上丝巾，第二天头发就会坚韧如初。

橘色绞纹的渔夫帽以帽檐短、帽型深的特点，让脸型显得格外小巧。

103

Side

Ba

面试发型 Point!

上司也注重员工的打扮是
否大方利落，不要有头发
披散或者随意绑起这样的
散漫做法。

适合长度	中发、长发
所需时间	20分钟

去哪里？ **面试**

清爽盘发塑造朝气系**新职员 LOOK**

去面试就得刻意打扮出一副干练的白骨精架势？不！
必须依据自己的年龄做出相应的打扮，与相貌气质不符的成熟发型也不能给人愉悦之感。
比起虚张声势的成熟打扮，你的上司会更喜欢朝气有活力的新晋职员。

1 从头顶开始编三股辫，在手指上用一点发蜡，务必把所有碎发都编进三股辫里；

2 从耳朵水平位置上开始转向，慢慢偏向一侧的耳后位置；

3 把发辫编到不能再编为止，末尾就用与头发颜色相接近的皮筋绑好；

4 将发辫的尾巴团进发辫里用小夹子固定，形成一个服帖扎实的小发髻；

5 如果觉得发型空洞的话可以别上一只简单的发卡，把散漫的碎发完全杜绝。

发饰的选择

★ Tips: 面试前该怎么打理头发？

面试前要清洗头发，确保要干净、自然，精心梳理之余也不要使用太多的造型产品，给人油光发亮、湿淋淋的感觉。另外一个很重要的面试礼仪就是应该挑选无香型的洗护产品，不要让不合时宜的芳香影响了面试官对你的判断。

去哪里？ 通勤发型，搞定你的社交圈

日常上班头发没精打采一定不能放任不管，一个饱满清爽的发型绝对能提振你的工作士气！通勤发型要以自然和干练的造型为主，不过多修饰不累赘一定深得同事的肯定。

通勤发型 Point!

有弧度的刘海能展现出清爽的眉间，没有乱舞的发丝纠缠，额头肌肤明亮照人、清爽宜人。

适合长度 中发、及耳短发
所需时间 10分钟

Side

1 先用电卷棒，稍微给头发带出一点点卷度，滑滑的直发不容易把发辫编好；

2 将头发拔至一侧，从头顶开始编较粗的三股辫，目的是为求塑造饱满的头型和蓬松度；

3 三股辫编到耳下的位置时收尾，用皮绳绑好并将发尾内绕，藏在发包之内，形成重心在下的蘑菇形造型；

4 另一边的头发也按照这个编法进行，目的是为了把碎发都收干净，拉至背面；

5 用手沾取少许发蜡，把刘海收至一侧的眉上大约1cm的位置，用好看的发夹固定好；

6 最后从发辫的旁边拉出一点点鬓角的碎发，整理一下，喷上干性定型喷雾就完成了。

发饰的选择

▶爱马仕丝巾图案的宽面发夹具有贵族气息，搭配正式一点的套装成熟且高贵。

▶有质感的皮革小花发夹，别致而不落俗，相当适合优雅又不希望太过死板的上班族。

▶忙碌的时候随时应付散落的碎发，黑夹子就变得相当实用了，选择特别一些的款式，让你的发型不那么乏味。

▶方方正正的蝴蝶结发夹严谨庄重，同样也能搭配正式一点的套装，低调的碎花图案连上司也会表示出欣赏。

107

侧分浪漫卷发，平凡女变女神

想要体面地出席宴会，却不想给人刻意打扮的感觉，用卷发棒稍微处理一下长发就可以了。
只要改变长发摆放的方向，塑造发丝流动的感觉，一样可以婚姿动人。

宴会发型 Point!

华丽蓬松的卷发，加上露
出平时很少露出的颈项，
充满迷人的魅力。

适合长度	长发、及肩中发
所需时间	15分钟

Side

Back

1 从距离头顶 1/3 距离开始给头发上卷，上卷时尽量选多绕一些头发，塑造的卷度会比较洋气；

2 在手中涂抹适量的发蜡，主要选择定型力较强一些的干性发蜡；

3 双手慢慢将卷度搓开，调整好发束的蓬松感和重量感；

4 抓取头顶两侧的头发，向后梳，拧转后拉高，用发夹固定在头顶的背面，这样能塑造饱满的后脑勺；

5 抓取脸部两侧的边发，用同样的方法向后梳，拧转也固定起来，这样背面看起来也一样优雅；

6 将刘海向后抓，利用干性的定型喷雾，将刘海固定成自然向后的造型。如果刘海过长，还可以用夹子固定一下发梢。

发饰的选择

想要隆重一些可以采用羽毛发饰，特别是在冬天的宴会上，羽毛的华丽感再适合不过了。

▶在盘发的拧转处插一支发簪，多切面珠宝的光芒能烘托优雅气质。

▶带有碎钻的长条形发夹的功能很多，收好碎发之余也能使平凡的黑发增彩。

▶有复古情怀的发夹能散发出别具一格的味道，不抢眼但一定是最特别的。

Tips

不要让发胶在头发上停留太久，清洁要洗三次为标准。洗的时候要先用温水清洗一遍，将全部头发梳顺；第二次清洗要用洗发水先发梢（发胶喷得最多的地方）；冲水之后再用洗发水清洁发和全部头发，三次清洁就能把发胶的有害成分完全洗净了。

去哪里？ 相亲

娇美发型绝胜第一眼缘

太考究复杂的盘发和编发给人难以接近的印象，
看似随意打理的发型才是最棒的约会发型。
在较低的位置绑好头发，既成熟又富有女人味，
给人留下个性恬静的印象。

相亲发型 Point!

不用全头上卷，稍微处理
一下发尾再搭配发饰就能
给人美丽好女孩的印象。

适合长度	长发、中发
所需时间	10分钟

使用直径为28～33mm之间的卷发棒将发尾处理成内卷,打造成发型重心往下坠、体积感在发尾的蓬松空气感梨花头;

电卷棒拔电后,利用剩余的温度,将刘海的外层用卷发棒稍微做一下内卷处理,使其塑造成有弧度的造型;

一手护好卷度,另一只手使用干性定型喷雾,将发尾部分定型,使卷度维持,注意不要喷在发丝上以避免粘连在一起;

将头发分为1:2:1三份,中间发量比较多的一份用皮筋扎成低马尾,并向你认为自己脸比较好看的一侧倾斜;

旁边的两份头发向内拧转2～3圈,并用夹子固定在中间的低马尾上,用手拉高头顶的头发,塑造饱满的头型;

最后在耳垂附近的位置,将迷你蝴蝶结夹在头发与耳后形成的空间里,露出3/4的面积即可。

发饰的选择

仿真绢花质地的发夹不失天真味道,很适合可爱气质的女孩;

约会较成熟的男生时要尽量佩戴低调华丽的头饰,用考究的细节捕获他的心;

浪漫的印花加上蝴蝶结造型是招桃花的标志;

如何快速去除尴尬的头皮屑?

和别人亲近的场合,最忌讳衣服上有白色的头皮屑。轻微的头屑不需要特殊治疗,洗发的时候充分按摩头皮,就可以使皮屑脱落被冲洗一净。外出前最好用密齿的鬃毛梳把头发梳理几遍,有的来自喷发胶的剩余物或洗发剂积累下来的片状物都可以被鬃毛梳轻松地清理掉。

设计和颜色都保守一些的蝴蝶结发夹适合发色比较浅以及怕出错的女孩。

去哪里？ 婚礼

助阵姐妹团，乖巧系唯美发型

婚礼发型 Point!

露出美丽的耳朵和肩颈，
发型要做到轻盈服帖。

适合长度	中发、短发
所需时间	10分钟

Side

Back

散落着动人发丝的盘发造型乖巧迷人，从任何角度观察都无可挑剔，
正式端庄的盘发，也能体现出你对宾主的重视。在充满幸福气氛的婚
宴场所，这样的发型最具亲和力，让所有人都能感觉平易近人。

1 用三棒卷发棒从尽量靠近发根的位置开始上卷，让头发带有一点纹路，盘发起来就更精致了；

2 尤其是背后及头顶的头发要着重处理，多分几层上卷，确保饱满、有足够的厚度；

3 确定一个斜下角的位置，将头发分为两份，向内拧转一圈固定在背后；

4 将发尾外翻、向上盘起，把发尾收起来，形成一个空心发包；

5 用小夹子固定好发尾，防止一些碎发岔出来，别上大号一些的蝴蝶结盖住就完成了。

发饰的选择

♥户外婚礼可以选择桑浦田园味的碎花发饰，它会使你带有朴素恬淡的甜美感，和户外婚礼的自然场景相搭配

♥具有童真味的树脂蝴蝶结发饰，会让盘发看起来尤其可爱动人，你会成为姐妹团中最可爱的一位

♥以珠宝的璀璨点缀发间，让你的品位趁这个机会博到别人的赞扬吧。

♥婚礼场合随时可见的蝴蝶结造型，若是使用这样的发夹应该是绝不会出错的。

☆ **Tip** 太隆重场合，应该提前多久打理头发？

如果你想在这之前给头发换一种颜色，最少应该提前两周染发，两周时间会让头发的色素比较稳定，脱色的现象基本就不会再出现了；如果你要烫发，最少应提前8~10天，以确保药水产生的异味已经消失；剪发的话要提前3天，头发经过几日生长，剪去的地方会比较自然，没有那么生硬。

去哪里? 下午茶

带小奢华感的名媛系精致盘发

下午茶发型 Point!
露出美丽的耳朵和肩颈，
发型要做到轻盈服帖。

适合长度	中、短发和长发
所需时间	15分钟

Side

Back

到有情调的场合和姐妹喝下午茶，不妨做出惬意一些的打扮。
尽量盘起头发，露出清新畅快的颈间，不喷胶不使用任何定型产品，
让全身心都沐浴到下午茶这个全身放松的时段。

下午茶倒计时整发 Step

1 从头顶开始编一条三股辫，延着侧脸的外轮廓、绕过耳朵一直编到发尾；

2 将剩余的头发分成左右两等份，分别向内侧卷，用长夹子固定好；

3 右边的头发也是如此，将发尾一起从发尾开始向内卷，直到和左边的半卷合并在一起

4 用小夹子整理两边发卷的形状，让它们合起来形成一个完整饱满的盘发；

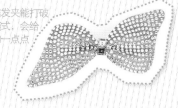

5 用发饰固定发辫，也可以别在发辫比较不理想的地方起到遮盖的作用。

发饰的选择

▶变形蝴蝶结发夹能打破淑女甜美模式，会给你的可爱加一点点个性分。

▶水钻像星空一样分布的长扁形发夹落落大方，缎面质地也有一定的奢华感。

▶不规则宝石点缀的发卡带有妩媚成熟的气息，黑发或者发色偏深的人正需要这种一点点却耐人寻味的光华。

▶镶嵌着宝石的条形发卡会让发色更显明亮，用在发型的各处都相当显眼，也能让你今天的着装带有贵族气息！

Tips 时至下午头发就出油该怎么办？

遇到重要的约会，之前可以使用有控油去油脂效果的洗发水，但是这种强力去油脂洗发水不可天天使用，只适宜一星期用一次，以防止清洁过度油脂分泌更多。放护发素时避免涂抹的层次太高，头发呼吸不畅反而会分泌更多的油脂。

注意碎发和鬓角发的整
理，用发蜡稍微收一下，
避免过多的散落的发丝。

适合长度	中发、长发
所需时间	15分钟

Side

Back

去哪里?

正式场合

出席高级场所的气质系精致盘发

出席比较正式的场合，不一定要把发型弄得老气横秋、成熟稳重，
适当地在发型中体现年龄，是展现自己最好的方式。
一款结合编发和盘发技巧的发型，就能搭配大部分正式得体的衣服。

2 剩余的头发扎成低马尾；

3 将马尾的头发拢起，利用小夹子挽成一个简单的发髻，如果是直发不好挽，可以先给这部分头发上一点卷度；

1 从头顶位置编两条对称的三股辫，注意粗细均匀，采用不断加股的方法一直编到发尾；

4 将两条发辫绕在发髻的根部，把扎马尾的地方隐藏起来；

5 将发辫的发尾藏在发髻的下面，用小夹子牢牢地固定好；

6 轻轻拉松后脑勺和头顶的头发，让它显得蓬松饱满一些；

7 在发髻的一侧别上你喜欢的发饰，最好是长型发卡，能显得脖子更加修长。

发饰的选择

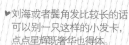

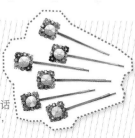

♥仿古设计的发饰也能体现端庄韵味，可以视主人喜好选择这样的发夹，在长辈面前它更深得欢心。

♥刘海或者鬓角发比较长的话可以别一只这样的小发卡，点点星辉既奢华也得体。

★ 体面出场，如何迅速去掉头发上的异味？

头发上的烟味、油烟味和香水味都会极大地破坏别人对自己的印象，去掉这些异味有两种方法：一是使用具有香氛效果的润发乳，还能让头发倍加柔顺，假如你已经做了盘发造型，不容易再涂抹其他产品，可以使用脸用喷雾和头发专用的芳香喷雾，一喷异味就会马上消失。

♥欧式复古发夹适合搭配欧款正式礼服，华丽的皓石能点缀平凡的发间。

♥有水钻点缀的小边夹精致低调，在碎发散落的时候它就会变得非常实用。

去哪里？ 拜访长辈

第一次拜访长辈时最好梳一些看起来清爽、大方、装饰痕迹不那么重的发型。如果对皮肤自信的话还应该多露出额头和脸颊，给人留下大方开朗的印象。对头发的卷度处理不宜做得那么明显，带出一点弧度即可。

留下好女孩印象的婉约侧盘发

拜访长辈 Point!

不要在头发上喷太多的香味，切记不要使用浓香型的造型产品。

适合长度	长发及超长发
所需时间	10分钟

拜访长辈前倒计时整发 Step

3 用小夹子整理这个发髻的大小并牢牢固定它；

4 中层的头发也按这个方法做成发髻，紧挨着第一个发髻，叠在它的下方；

5 用小夹子调整发尾的摆向，尽可能把卷度漂亮的头发露在正前方；

6 下层头发让它自由地披散就可以了，用定型喷雾将刘海固定成大方的斜刘海。

1 找尽可能大直径的卷发棒，给每束头发上卷只卷到一半高度就可以了，避免卷度看起来太夸张；

2 将头发梳到背后，分上、中、下三层，上层头发梳到一侧大概太阳穴的高度，拧转几圈盘成发髻固定好；

发饰的选择

▶ 想要打扮出甜美的气质，颜色淡雅一些、端庄的大蝴蝶发施比小号发饰更显得大方得体

▶ 很多人和长辈第一次见面都选择尽量保守、略显平淡的衣服，和长辈一起到高级场所用餐时，精致考究的发饰更能体现你对见面的重视

▶ 格子是绝对不会出错的，带有一点校园风的头饰实际上更得很多年纪高好的长辈的喜欢

▶ 一个简单的头箍是非常实用的，它可以帮你随时收碎发，当你的发型塌掉时，还可以立马拆掉，戴上头箍就不会显得邋遢啦

Tip

长辈都不喜欢头发枯黄蓬乱的样子，因为这会留下生活不规律、邋遢的印象。要让头发立即变得既健康又有光泽，可以用绿茶茶水洗头，留下清新气味又让头发显得健康。最后出门的时候再使用润发乳。另外要让头发显得健康，一定要有定期修剪发尾的习惯，分叉少了，头发蓬乱的现象就会自动消失了。

Q 如何蓄发让头发长得更快?

A: 有很多人常常会问怎么样可以让头发长得快一点? 最好能让头发越长越多而不会发生脱落。实际上即使你做出了最大的护发努力,头发仍然会不可避免地老化,我们要做的是从头皮护理为基础,维持头发正常的新陈代谢,这样蓄发的速度就会更快,而发质也会比较好一些。

● 方法 1: 适当地补充头发需要的营养

减肥期间头发生长特别缓慢? 这是因为任何的营养不良都会造成发丝越来越细弱,甚至断裂。如果想让你的头发茂密、生长速度快一些,最应该补充的营养是氨基酸和 B 族维生素。你的发丝会反映出你的身体状况,假如你在日常饮食中健康营养充沛,你的头发会以乌黑闪亮当成回报的。

● 方法 2: 适当地修剪发尾

一些人惜发如命,为了保持头发长度甚至长时间都没有修剪头发。实际上,规律性地修剪掉分叉发尾有助头发维持健康,剪掉发尾后的头发才能生长得更快、并且更粗更坚韧。没有经常修发尾的头发容易枯黄,营养供应不上发尾,会导致分叉越来越多。

● 方法 3: 使用专门促进头发生长的产品

如果你觉得食补的方式太慢,可以结合外用产品促进头发生长。市面上有一些品牌专注于生发配方,例如 Rogaine(落健)、Equate (伊葵特)、Kirkland (可兰),这些品牌都通过一定量的 Minoxidil 米诺地尔做为生发成分,将营养补给到萎缩的毛囊,使它再次长出较粗的头发,或者帮助头发拥有更长的生长期。

LoveHair 小叮咛

勤快梳头对生发的帮助不大

每天梳头 100 下就能帮助头发生长? 按摩头皮就能使头发越长越多? 实际上这些单纯刺激头皮血液循环的举动,对生发的帮助不大。但是因为头皮上有很多神经末梢,用轻柔的力度抚摩它们就能舒解压力,减少压力型脱发。

Q 不整烫，怎么才能让头发有自然的纹路？

A：担心发型师卷烫不出你喜欢的卷度，大部分人总是不太敢于尝试永久型卷烫。而生活中有一些小方法可以帮助头发产生自然的纹路，不需要任何的定型产品，不需要太复杂的技巧，你也可以拥有个性化的卷度。

● 普通三股辫就能让头发产生波浪卷

睡前绑一个最简单的三股辫，开始编发的时候手稍微松一些，越往下编越用力收紧，上松下紧的辫子，到了早晨起床时拆开，就是相当洋气的波浪卷，纹路和三棒卷发棒塑造的效果大同小异。

● 干发时将头发拧转也能吹出自然弧度

吹干头发的时候试一试别用梳子，先将头发擦干到无水滴滴落，然后将头发分成左右两半，用手指扭转发尾绕上几圈，接着再用吹风机吹干，头发就会呈现微微的大卷，比直发更显柔亮。因为毛鳞片是呈鱼鳞片状分布的，这种吹干头发的方式也较保护毛鳞片。

● 直发也可以免烫打造好看的卷度

有的人刚刚做完离子直发，过后却不喜欢太直的头发，都希望略带一点卷度。这个时候你就可以在吹头发的时候，低头将头发拨到前面来倒吹，用手指插进头顶发向前梳。经过这样的吹整后发根就不会太顺了，再用筒梳把发尾吹出内卷，增强纹路感，避免紧贴头皮，头发完全干透后就能拥有若有似无的大卷了。

Love Hair 小叮咛

发型也具有抗静电的效果

静电和干燥息息相关，也和摩擦脱不了关系。在秋冬季节，如果多喜欢披散着头发，发丝之间的摩擦，以及在头发上附着的粉尘污染颗粒，都会让静电更来电！梳马尾或者干脆将头发绑成发辫能大大减少静电的威胁，并且这两种发型都能减少发丝被风吹袭的面积，进一步减少干燥。在外露的头发表面再适当涂抹一些有保湿滋润效果的润发露，就可以有效减少静电的产生。

图书在版编目（CIP）数据

我最爱的玩发手典 / 曹静编著. -- 成都 : 成都时代出版社, 2014.9

ISBN 978-7-5464-1209-2

Ⅰ.①我… Ⅱ.①曹… Ⅲ.①发型－设计 Ⅳ.①TS974.21

中国版本图书馆CIP数据核字(2014)第156053号

我最爱的玩发手典
WO ZUIAI DE WANFA SHOUDIAN

曹静　编著

出　品　人	石碧川	
责 任 编 辑	周　慧	
责 任 校 对	张　旭	
装 帧 设 计	◎中映良品（0755）26740502	
责 任 印 制	干燕飞	

出 版 发 行	成都时代出版社
电　　　话	（028）86621237（编辑部）
	（028）86615250（发行部）
网　　　址	www.chengdusd.com
印　　　刷	深圳市福圣印刷有限公司
规　　　格	787mm×1092mm　1/16
印　　　张	8
字　　　数	200千
版　　　次	2014年9月第1版
印　　　次	2014年9月第1次印刷
印　　　数	1-15000
书　　　号	ISBN 978-7-5464-1209-2
定　　　价	29.80元